Paul Ugbah

Avaliação do Centro Europeu de Previsão do Tempo a Médio Prazo

AF376317

Paul Ugbah

Avaliação do Centro Europeu de Previsão do Tempo a Médio Prazo

ScienciaScripts

Imprint

Any brand names and product names mentioned in this book are subject to trademark, brand or patent protection and are trademarks or registered trademarks of their respective holders. The use of brand names, product names, common names, trade names, product descriptions etc. even without a particular marking in this work is in no way to be construed to mean that such names may be regarded as unrestricted in respect of trademark and brand protection legislation and could thus be used by anyone.

Cover image: www.ingimage.com

This book is a translation from the original published under ISBN 978-620-2-30968-4.

Publisher:
Sciencia Scripts
is a trademark of
Dodo Books Indian Ocean Ltd. and OmniScriptum S.R.L publishing group

120 High Road, East Finchley, London, N2 9ED, United Kingdom
Str. Armeneasca 28/1, office 1, Chisinau MD-2012, Republic of Moldova, Europe
Printed at: see last page
ISBN: 978-620-8-04446-6

Copyright © Paul Ugbah
Copyright © 2024 Dodo Books Indian Ocean Ltd. and OmniScriptum S.R.L publishing group

RESUMO

Foi efectuada uma análise para avaliar o desempenho das previsões sub-sazonais a sazonais (S2S) do Centro Europeu de Previsão do Tempo a Médio Prazo (ECMWF) sobre o sul da Nigéria, com o objetivo de calcular a competência para medir a qualidade das previsões durante o período de 1995 a 2015 e durante os anos de El Niño e La Niña.Os dados de reanálise do Climate Hazards Group InfraRed Precipitation with Station (CHIRPS) com uma resolução de 0,05 x 0,05 foram utilizados como observações para comparar com os dados de previsão de precipitação sub-sazonal do ECMWF com uma grelha de 1,5 x 1,5 para o mesmo período. Para este estudo, o período de 14 de maio a 24 de setembro foi selecionado para o período de vinte e um anos, uma vez que estes são os meses em que a maior parte da precipitação na área cai durante a estação. Os anos de El Nino Southern Oscillation (ENSO) durante este período foram selecionados utilizando o Oceanic Nino Index (ONI). O viés, o erro quadrático médio (RMSE) e os coeficientes de correlação de anomalias (ACC) entre a precipitação prevista e a observada foram calculados e utilizados para determinar a competência do sistema de previsão do ECMWF.A análise dos resultados revelou desvios negativos em prazos de entrega de uma a quatro semanas. Os desvios e o RMSE aumentaram com o tempo de avanço, enquanto os valores ACC foram melhores com um tempo de avanço de uma semana e piores com um tempo de avanço de quatro semanas. Com um prazo de 2 a 4 semanas, a tendência para a seca é particularmente acentuada entre o final de junho e julho. Este facto indica dificuldades de previsão com precipitação dispersa durante a Monção da África Ocidental (WAM), quando a Zona de Convergência Intertropical (ITCZ), também conhecida como ITD, se encontra a norte da região. A previsão em anos de El Niño é também melhor do que em anos de La Niña, e a previsão em anos de La Niña é pior durante a Pequena Estação Seca (LDS) em julho e agosto na área de estudo. Este facto pode estar relacionado com a correlação entre os eventos ENSO e a precipitação na área de estudo.

Estes resultados indicam que, embora a previsão de precipitação sub-sazonal do ECMWF tenha valores de competência baixos para a zona, continua a ser capaz de prever a precipitação no sul da Nigéria, com a melhor competência num prazo de uma semana e em anos de El Nino. Por conseguinte, recomenda-se à Agência Meteorológica da Nigéria (NiMet) que actualize e melhore a qualidade das suas previsões sazonais de precipitação.

Prefácio

O meu primeiro e maior agradecimento vai para Deus Todo-Poderoso por me ter possibilitado estudar na Universidade de Reading e por me ter apoiado durante todo o processo. Em segundo lugar, gostaria de agradecer aos meus patrocinadores, à Organização Meteorológica Mundial e à Agência Meteorológica Nigeriana pela oportunidade e pelo apoio.

Gostaria de agradecer aos meus supervisores, Dr. Steve Woolnough e Dr. Chris Holloway, pelos seus conhecimentos e apoio na realização desta tese. Gostaria também de agradecer a Natalie Harvey e Josh Talib por terem disponibilizado o seu tempo para me apoiar, especialmente quando o meu supervisor teve problemas de saúde. |Sem eles, esta tese não teria sido possível.

Os meus agradecimentos especiais vão para todo o pessoal do Departamento de Meteorologia e para todos os meus colegas e amigos que me apoiaram na realização deste sonho. Que Deus vos recompense a todos.

Gostaria também de agradecer à minha mulher, aos meus filhos e a toda a minha família pela sua compreensão e apoio. Que eles sejam abençoados

LISTA DE ABREVIATURAS E ACRÓNIMOS

ACC	Anomaly Correlation Coefficient
ACMAD	African Centre of Meteorological Applications for Development
AEJ	African Easterly Jets
BoM	Australian Bureau of Meteorology
CFSV2	Climate forecasting system version 2
CHIRPS	Climate Hazards group Infrared precipitation with Station
CMA:	China Meteorological Administration
CNR-ISAC	Institute of Atmospheric Sciences and Climate
CORA	Correlation of Anomalies
CPT	Climate Prediction Tool
ECMWF	European Center for Medium-ranged Weather Forecast
ECCC	Environment and Climate Change Canada
ENSO	El Nino Southern Oscillation
GFCS	Global Framework for Climate services'
GPCP	Global Precipitation and Climate Product
HL	Heat Lows
HMCR	Hydrometeorological Centre of Russia
ITD	Inter-Tropical Discontinuity
ITCZ	Inter Tropical Convergence Zone
JAS	July, August, September
JJA	June, July August

JMA	Japan Meteorological Agency
KMA	Korean Met Administration
MJJ	May, June, July
MJO	Madden Julian Oscillation
MSSS	Mean Square Skill Score
NCEP	National Centre for Environmental Prediction
NetCDF	Network common Data Format
NiMet	Nigerian Meteorological Agency
NOAA	National Oceanic and Atmospheric Administration
OLR	Outgoing Long wave Radiation
PC	Principal Component
PSU	Pennsylvania State University
RMSE	Root Mean Square Error
ROC	Relative Operative Characteristics (ROC)
S2S	Sub-seasonal to Seasonal
SST	Sea Surface Temperature
TEJ	Tropical Easterly Jets
UKMO	United Kingdom Meteorological office
WAM	West African Monsoon
WMO	World Meteorological Organization)
WRRP	World Weather Research program
WRWP	World Research and Climate program (WRCP)

CAPÍTULO 1: INTRODUÇÃO
1.1   Antecedentes e motivação

O tempo e o clima têm uma vasta gama de impactos nas pessoas, com implicações importantes para a agricultura, a segurança alimentar, a habitação, os transportes, a saúde, as estruturas de engenharia, os recursos hídricos, as operações militares, a prospeção e exploração de petróleo, o ambiente, os meios de subsistência, etc. Estes impactos estão geralmente associados a fenómenos meteorológicos extremos e a riscos sazonais, como inundações, secas, ciclones tropicais, furacões, trovoadas e ventos fortes (tempestades, furacões), ondas de calor, etc. (IPCC 2013). Por estas razões, os cientistas têm continuado a investir tempo e recursos significativos na tentativa de compreender e prever os processos que conduzem a alterações na atmosfera associadas a estes riscos. Um desses investimentos é o projeto internacional de previsão Sub-Seasonal to Seasonal (S2S), que foi lançado em 2013 pela Organização Meteorológica Mundial (OMM), o Programa Mundial de Investigação Meteorológica (WRWP) e o Programa Mundial de Investigação e Clima (WRCP) para criar uma plataforma comum de partilha de dados e conhecimentos entre países, Agências meteorológicas nacionais e investigadores para melhorar a nossa compreensão da variabilidade sazonal e sub-sazonal e também para ajudar a melhorar a competência e a precisão das previsões a longo prazo (semanas - meses) e dos eventos extremos prováveis em diferentes partes do mundo (Takaya 2015)

Na maior parte da Ásia e de África, bem como em países em desenvolvimento como a Nigéria, os agricultores continuam a praticar uma agricultura de subsistência, que depende principalmente da precipitação sazonal para a produção agrícola (Siegmund et al. 2015, Hansen 2002). De todas as actividades humanas, a agricultura é a mais dependente do clima (Henson 2002). A previsão atempada e exacta do início, do fim e da precipitação esperada da estação das monções e das suas variações intra-sazonais pode muito provavelmente reduzir as perdas e o risco de extremos climáticos (Vitart et al. 2016) e maximizar a produção agrícola para garantir a segurança alimentar. Esta é uma das razões pelas quais o projeto S2S foi lançado e o Centro Europeu de Previsões Meteorológicas a Médio Prazo (ECMWF) e a Administração Meteorológica da China (CMA) foram selecionados para gerir os dados de previsão e de previsão subsazonal (base de dados S2S) de onze centros de previsão mundiais diferentes: Meteo France-CNRM, Japan Meteorological Agency (JMA), Korean Met Administration (KMA), Australian Bureau of Meteorology (BoM), Hydro meteorological Centre of Russia (HMCR), Institute of Atmospheric Sciences and Climate (CNR-ISAC), Environment and Climate Change Canada (ECCC), NCEP, ECMWF e UKMO (Vitart et al 2016). Os dados são disponibilizados gratuitamente a todos, a fim de atingir os objectivos do projeto e os do respetivo país ou indivíduo (Takaya 2015). Isto acontece numa altura em que a previsão sub-sazonal está a ganhar popularidade, na sequência de uma melhoria constante das capacidades de previsão sub-sazonal do ECMWF observada ao longo de um período de cerca de catorze anos desde 2002 (Vitart 2005, 2014). A melhoria drástica das capacidades, nomeadamente na simulação do MJO e do impacto dos ciclones tropicais nas regiões extratropicais e tropicais, é atribuída à melhoria das propriedades do modelo do ECMWF (resolução, condições iniciais, física, etc.) devido aos avanços nas tecnologias da informação que produziram recentemente melhores computadores com capacidades e velocidades de cálculo mais elevadas. O MJO, juntamente com outros factores como o ENSO, a influência estratosférica, a cobertura de gelo e neve, a humidade do solo, as condições oceânicas e a teleconexão entre os trópicos e os extratrópicos, é considerado a principal fonte de previsibilidade para períodos sub-sazonais (entre 2 semanas e 60 dias), especialmente nos trópicos (Vitart et al 2016, Inness 2010), o que pode estar relacionado com o facto de a MJO desempenhar um papel importante no início ou no fim das ondas equatoriais (ondas Kelvin) e das ondas de Rossby (Maclachlan et al. 2015), que influenciam os fenómenos ENSO; uma forte fonte de previsibilidade para escalas temporais sazonais (Vitart et al, 2016). Estes resultados, combinados com a boa capacidade do modelo do ECMWF para a previsão com um prazo de 10 dias ou mais, permitem esperar que as dificuldades associadas à previsão sub-sazonal possam ser ultrapassadas, uma vez que o período é geralmente considerado demasiado longo, para que a atmosfera se lembre das condições iniciais e demasiado curto para que as mudanças transitórias do oceano sejam perceptíveis, tornando improvável que uma previsão permanente seja possível (Vitart 2005, Vitart et al, 2014, Vitart et al, 2016 e Molteni et al, 2016). De acordo com Molteni et al. (2016), a previsão sub-sazonal deverá "colmatar a lacuna entre a previsão a médio prazo (máximo 2 semanas) e a previsão sazonal (3 - 6 meses)" [Vitart et al., 2016]. A melhoria é também um raio de esperança para aqueles que dependem da precipitação sub-sazonal a sazonal para a produção, planeamento, tomada de decisões, preparação para catástrofes e desenvolvimento socioeconómico, razão pela qual é imperativo apoiar o projeto S2S. A Nigéria deve, portanto, envolver-se neste projeto para explorar e utilizar as oportunidades oferecidas pelo projeto S2S para melhorar a precisão e a capacidade da sua previsão sazonal e utilizar os dados para complementar e atualizar a sua previsão sazonal de precipitação depois de esta ser divulgada anualmente ao público. Esta é a principal motivação e base para a realização deste estudo. Outra motivação é encorajar a Nigéria a fazer parte de uma iniciativa da OMM que promove a partilha de dados entre países para melhorar a previsão do tempo e do clima e contribuir para os objectivos do Quadro Global de Serviços Climáticos (GFCS). Espera-se que os resultados desta investigação não só ajudem a melhorar a qualidade e a exatidão das previsões sazonais da Agência Meteorológica da Nigéria, como também a dotem de competências, conhecimentos e de um procedimento normalizado e aceitável para a revisão das suas previsões sazonais anuais de precipitação.

O objetivo deste estudo é, portanto, avaliar as capacidades do sistema de previsão de conjuntos sub-sazonais do ECMWF na simulação da variabilidade da precipitação sub-sazonal na Nigéria até um prazo de um mês, especificamente no sul da Nigéria, e determinar a qualidade dos conjuntos de modelos na previsão da probabilidade de precipitação extrema que pode causar inundações na região.

1.2 Zona ou local de estudo Descrição

1.2.1 Localização

A Nigéria está situada na costa da África Ocidental, nas latitudes 4,0 N - 14,0 N e nas longitudes 2,45 E - 15,5 E (Figura 1). Tem uma área de cerca de 924.000 quilómetros quadrados e uma população de cerca de 133 milhões de habitantes (a partir de 2006), que está a crescer a uma taxa de 2,8% (Ayanlade 2013). °°°°A área de estudo é a parte sul do país mostrada na caixa vermelha (Figura 1) e é definida pelas latitudes 4,0 N - 8,0 N e longitudes 2,0 E - 11,0 E (Fonte: Eludoyin & Adelekan 2013). Cobre uma área de menos de 50 % do país e faz fronteira a sul com o Oceano Atlântico (Golfo da Guiné) e a leste e oeste com dois países: Camarões e Benim, respetivamente.

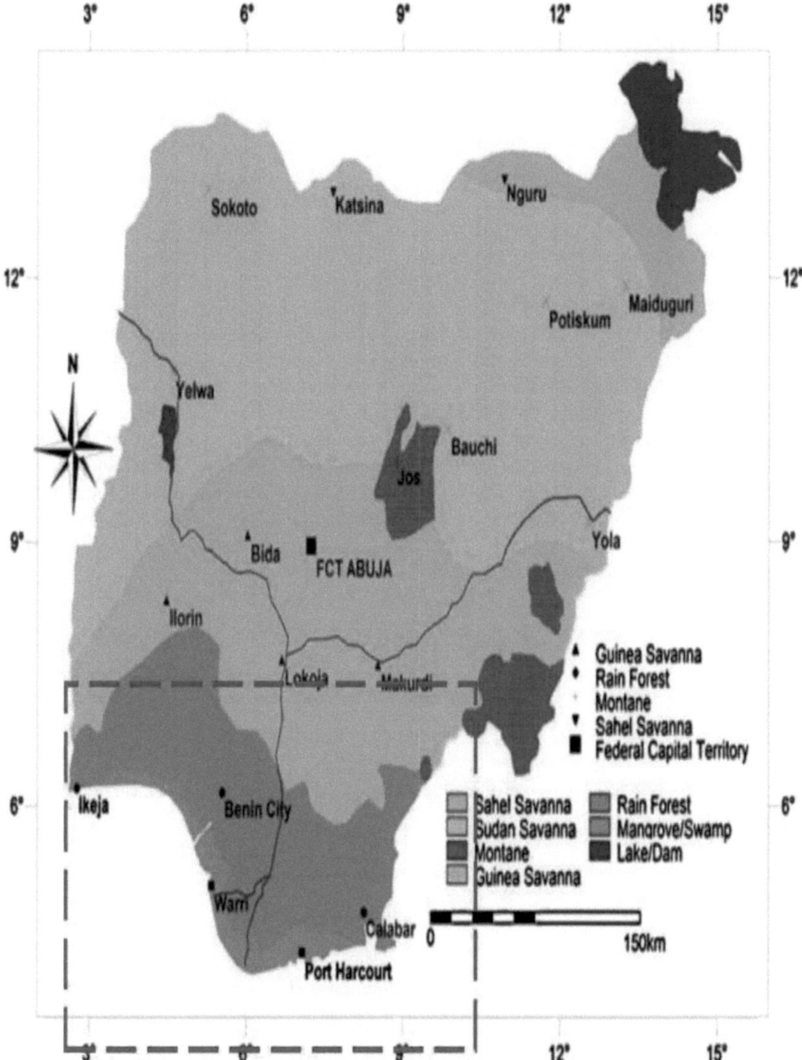

Figura 1 Mapa da Nigéria com a área de estudo numa caixa retangular (Fonte: Eludoyin e Adelekan 2013)

1.2.2 Climatologia e fontes de previsibilidade sub-sazonal na região

A área de estudo situa-se na floresta tropical e nos mangais na costa e na savana da Guiné mais para o interior à medida que se afasta da costa para norte. Existem **duas estações principais** na área: a **estação das chuvas** (finais de fevereiro a novembro) e a **estação seca** (dezembro a meados de fevereiro), conforme relatado por Eludoyin e Adelekan em 2013. A distribuição desigual da precipitação de mês para mês dentro destas duas estações principais diferencia ainda mais a estação em uma longa estação chuvosa (março - julho), uma curta estação seca ou pausa de agosto (final de julho - início de agosto), uma curta estação chuvosa (início de setembro - meados de outubro) e a longa estação seca (final de outubro - início de março) [Chidiezieet al 2010]. A estação das chuvas é caracterizada por um padrão de precipitação bimodal e um período mais longo que dura cerca de 200-300 dias (NiMet, 2013, 2014). É caracterizada por ventos húmidos de sudoeste, também conhecidos como massa de ar marítimo tropical (mT), que sopram para terra a partir do Oceano Atlântico e prevalecem durante a estação chuvosa. Os ventos predominantes durante a curta estação seca (estação harmattan) são os ventos alísios secos e poeirentos do nordeste do deserto, também conhecidos como massa de ar tropical continental (cT), que viajam do norte para o sul (Eludoyin & Adelekan 2013). A precipitação anual situa-se entre 1500 e 3000 mm na maior parte do sul, mas pode atingir até 4000 mm na parte sudeste, onde a precipitação é mais elevada (Ayanlade et al 2013, Chidiezie et al 2010) °As temperaturas médias do ar variam entre 25,0 - 30,0 C no verão e 20,0 - 30,0 durante a estação harmattan (Ayanlade *et al.* 2013)

1.2.2.1 Climatologia criada a partir dos dados climáticos CHIRPS

Os dados de precipitação mensal da estação de precipitação por infravermelhos do Climate Hazards Group (CHIRPS) foram utilizados para criar diagramas espaciais (Figura 2). A figura mostra como a precipitação na área de estudo flutua de janeiro a dezembro e especialmente nos meses de março a outubro, quando se regista uma precipitação significativa. O CHIRPS homogeneíza dados de precipitação de satélites e estações para produzir conjuntos de dados climáticos globais de alta resolução diários, de 10 dias e mensais, que são disponibilizados gratuitamente aos utilizadores através do sítio Web do Instituto Internacional de Investigação para o Clima e a Sociedade (IRI) (Funk *et al.*, 2014). Os dados estão disponíveis de 1981 a 2016.

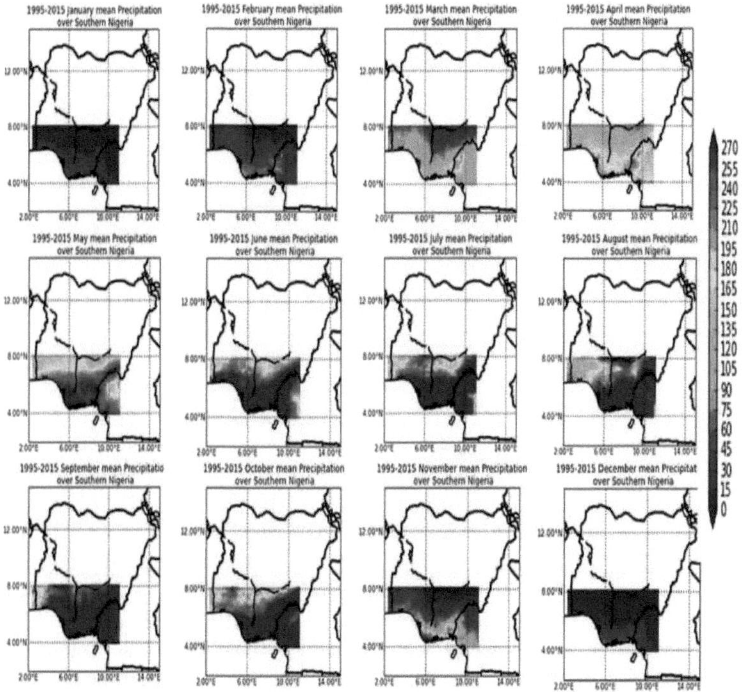

Figura 2 Precipitação média mensal em mm por mês sobre a área de estudo de 1995 a 2015. O gráfico foi criado usando os dados mensais de precipitação CHIRPS da Biblioteca de Dados Climáticos IRI/LDEO (Funk *et al.*, 2014).

A série cronológica (Figura 3) da precipitação semanal durante a estação das chuvas, de maio a setembro, que também foi registada utilizando os dados do CHIRPS, mostra que a precipitação semanal média se situa geralmente entre 2,0 mm e 14,0 mm/semana. Este intervalo foi ultrapassado em alguns anos, como indicado pelas linhas coloridas. Na maior parte dos anos, a precipitação aumenta de maio a julho, diminuindo depois em agosto. No entanto, em alguns anos, a precipitação é elevada em agosto, quando o início da curta estação seca ocorre mais cedo ou mais tarde. Os valores são estimativas da reanálise da precipitação medida por satélites e medidores, e mostram uma tendência sazonal que, como mencionado acima, é consistente com a literatura.

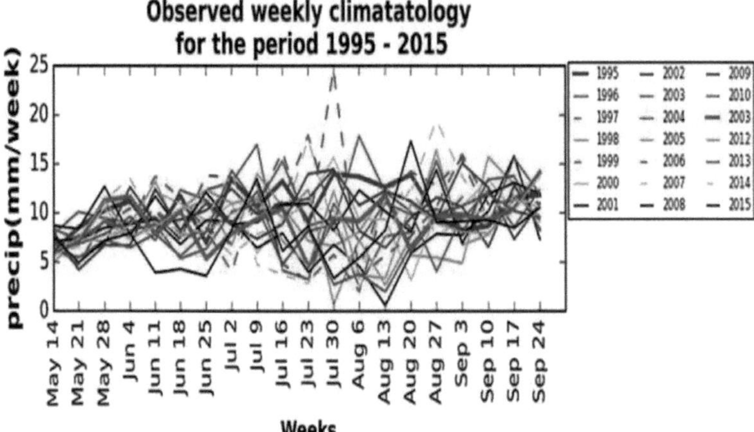

Figura 3: Precipitação semanal observada pelo CHIRPS para o Sul da Nigéria, mostrando a variação da precipitação durante a estação, da semana 1 em maio à semana 20 em setembro, durante o período de 1995-2015. Os anos são mostrados em linhas coloridas

O clima do sul da Nigéria é influenciado por vários factores que prevalecem na África Ocidental em escalas de tempo sazonais e sub-sazonais e que são uma fonte de previsibilidade. A **fonte mais importante de previsibilidade sazonal** é a Oscilação Sul do El Niño (ENSO), uma forma de variabilidade em grande escala da temperatura da superfície do mar e da circulação nos trópicos com teleconexão global que pode durar um período de até 9-12 meses antes de transitar para outra fase (Molteni et al. 2016, Vitart 2005). Verificou-se que está fortemente correlacionada com a precipitação nos trópicos e na África Ocidental (Rowell 2013). A teleconexão entre a SST do Pacífico tropical na região do Nino 3.4 e a área de estudo é tal que uma fase fria do ENSO (SSTs mais frias do que o normal) geralmente leva a um aumento da precipitação sazonal, enquanto uma fase quente (SSTs mais quentes do que o normal) geralmente leva a uma diminuição da precipitação e condições mais secas (NiMet 2015). Por outro lado, a variabilidade da precipitação sub-sazonal na Monção da África Ocidental (WAM) é modulada e influenciada por muitos factores, como a descontinuidade intertropical (ITD), as baixas térmicas (HL), os jactos de leste africanos (AEJ), as ondas de leste, os jactos de leste tropicais (TEJ), os redemoinhos, as linhas de depressão (Peyrille et al. 2007, Fink et al. 2011) e os sistemas de alta pressão dos Açores e de Santa Helena (Parker et al. 2008). A temperatura da superfície do mar no Golfo da Guiné também influencia o clima na região (Peyrille et al., 2007). No entanto, a **principal fonte de** previsibilidade **sub-sazonal** é a Oscilação Madden-Julian (MJO), que pode flutuar dentro de uma estação durante um período de 40 a 60 dias (Madden e Julian 1971, 1972). Os sistemas convectivos profundos de mesoescala, que para alguns dos

A precipitação na área de estudo tem origem nas zonas mais altas (Montanhas dos Camarões e Planalto de Jos) a leste e espalha-se para oeste (Vondou et al. 2010, Sylla et al. 2011). Parte da precipitação na área também provém de nuvens baixas que se desenvolvem localmente (in situ) devido à proximidade da área aos ventos húmidos do

Atlântico. A fronteira das duas principais massas de ar e o tipo de clima em qualquer local da região são determinados pela posição do ITD (Omotosho e Abiodun, 2007, Ayanlade et al, 2013). Alguns dos factores sub-sazonais são discutidos abaixo.

1.2.3 Causas da variabilidade sub-sazonal da precipitação

A variabilidade sub-sazonal observada no WAM é determinada principalmente pelo contraste de temperatura existente entre o Atlântico e as áreas terrestres (Cornforth 2012). Este contraste é causado pelo aquecimento das superfícies terrestres e oceânicas à medida que o sol se desloca do hemisfério sul para o hemisfério norte durante o verão da África Ocidental. O aquecimento faz com que as superfícies terrestres aqueçam mais rapidamente do que o oceano, criando uma diferença de pressão entre as áreas terrestres quentes (baixas de calor) e as superfícies oceânicas frias (altas). Estas diferenças de pressão conduzem a ZCIT para norte no verão (Cornforth 2012). O contraste é também evidente nas diferentes caraterísticas das massas de ar que cobrem as partes mais a norte e mais a sul da área de estudo e persistem por um período mais curto do que a MJO durante a estação das chuvas. No entanto, a MJO continua a ser a principal fonte de previsibilidade sub-sazonal sobre os trópicos (Maclachlan et al., 2015).

1.2.3.1 Oscilação de Madden-Julian

O MJO é "um envelope de convecção organizada que se propaga para leste" que ocorre dentro de uma estação (fenómeno intra-sazonal) e tem um ciclo de 30 a 70 dias (Welsh et al. 2009) ou de 30 a 60 dias (Hendon e Salby 1994, Gottschalck et al. 2010). Maclachlan et al. (2015) descrevem-na como "uma oscilação baroclínica no campo de ventos tropicais que se propaga para leste, equatorialmente aprisionada, e que causa anomalias significativas na convecção e precipitação durante a sua passagem do Oceano Índico equatorial para o Oceano Pacífico". Pode ser observada utilizando os diagramas de Hovmoller da radiação longa de saída (OLR), dos ventos de 850hPa e do potencial de velocidade de 200hPa, calculados em média numa banda equatorial (Gottschalck et al. 2016, NOAA 2016). Os ventos fortes de leste em 850hPa indicam a direção da MJO, e o potencial de velocidade em 200hPa mostra indícios de divergência nos níveis superiores que apoiam a convecção à superfície e o início da MJO. A previsão e a progressão da MJO em todo o mundo podem ser observadas utilizando o diagrama de fases de Wheeler e Hendon (Figura 4), que divide a propagação da MJO em duas séries temporais de componentes principais derivadas (PC1 e PC2) (Yoo, et al. 2015). É categorizado em 8 fases distintas, estando cada fase relacionada com a posição da convecção MJO (Yoo et al. 2015, Wheeler e Hendon 2004). A África Ocidental é afetada no verão quando o MJO atinge as fases 1 e 8 (Figura 4). A MJO pode desencadear um evento El Niño (Shimizu e Abrizzi 2016, Mcphaden, 1999) quando os ventos de oeste em torno do Pacífico Oriental desencadeiam ondas Kelvin que se propagam em direção ao Pacífico Oriental. Quando as ondas atingem o Pacífico Oriental, desencadeiam um fenómeno El Niño. A monitorização cuidadosa da variabilidade da precipitação sub-sazonal utilizando o modelo de previsão do ECMWF, que demonstrou uma boa capacidade de simular fenómenos MJO nos extratrópicos, é, por conseguinte, suscetível de melhorar a exatidão e a competência da previsão sub-sazonal. A utilização deste modelo deverá também ajudar a atualizar as previsões sazonais para que possam ser utilizadas de forma fiável pelos clientes que dependem desta informação para as suas decisões e planeamento, especialmente os agricultores durante a estação de crescimento.

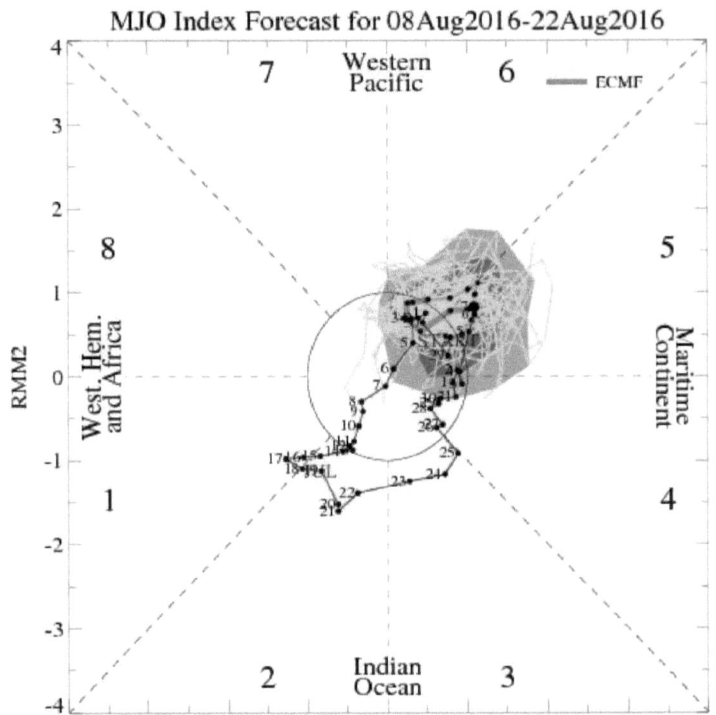

Figura 4 Diagrama de fases de Wheeler e Hendon do conjunto de previsões e observações do ECMWF para o MJO dos últimos 40 dias.

As linhas amarelas são os 51 membros do conjunto e a linha verde é a média do conjunto (semana 1 grossa, semana 2 fina). O sombreado cinzento escuro indica que 50% dos membros se situam neste intervalo e o sombreado cinzento claro indica 90% dos membros (fonte: NOAA- NCEP[http://www.cpc.ncep.noaa.gov/products/precip/CWlink/MJO/CLIVAR/ecmf.shtml]

1.2.3.2 A monção da África Ocidental

A descontinuidade intertropical (ITD) é a zona onde os ventos alísios secos e poeirentos do nordeste do Sara e os ventos húmidos do sudoeste do Atlântico se encontram (Omotosho & Abiodun 2007), com uma faixa de trovoadas activas e sistemas meteorológicos convectivos profundos organizados a sul. A sua oscilação N-S e a sua posição num dado momento determinam o tipo de tempo ou de clima na zona da savana da Guiné ou da floresta tropical húmida.

Outras caraterísticas importantes associadas à monção da África Ocidental que também influenciam o clima na Nigéria são os Baixos Calores Subtropicais (SHL), os Jactos de Páscoa Africanos (AEJ), os Jactos de Páscoa (AEJ), as Ondas de Páscoa e os Jactos de Páscoa Tropicais. As SHL são zonas de baixa pressão à superfície da Terra que são criadas pelo aquecimento dos trópicos e favorecem o desenvolvimento de sistemas meteorológicos nesta região. Os Jactos de Páscoa Africanos (AEJ) são ventos que fluem para oeste a partir de leste (Sylla et al 2011, Lafore et al 2011) a uma altura média de 650hPa (Fig. 1c) e com uma velocidade máxima de 12-15m/s, um tempo de vida de 3-5 dias e um comprimento de onda de 2000-4000Km (Nicholson 2008). Ocorrem sazonalmente de maio a setembro (Omotosho e Abiodun2007) e influenciam o clima em toda a região. As AEJ iniciam o crescimento e a propagação das ondas de leste (Nicholson, 2008, p. 1782), e as ondas de leste juntam-se às AEJ a uma altitude de 600-700hPa (Parker et al 2008, Lafore et al 2011) e crescem a norte e a sul das AEJ entre 50N e 150N. Propagam-se para oeste e têm comprimentos de onda de 3000 a 5000 km, velocidades de 8 a 12 m/s e um tempo de vida de 3 a 5 dias. Algumas ondas de leste têm uma duração de 6 a 9 dias e modulam a precipitação e a atividade convectiva na região, principalmente entre junho e setembro (Diedhiou et al. 1999). Os ventos tropicais de leste têm origem na troposfera a uma altitude de 150-300 hPa entre 13 e 150 graus de latitude e têm uma velocidade de cerca de 35 m/s (Nicholson et al. 2008, Lafore et al. 2011, Omotosho e Abiodun 2007). Os remoinhos e as linhas de calha são zonas de convergência do vento e de ar ascendente associadas às AEW (Peyrille et al. 2007). Todos eles determinam as áreas com sistemas convectivos profundos e como a estação de verão se comporta sobre a região (Nicholson 2008). Os sistemas de pressão dos Açores e de Santa Helena são importantes áreas de alta pressão que geralmente contribuem para o início e a manutenção do fluxo atmosférico sobre África (Diedhiou et al. 1999).

1.3 Âmbito do trabalho e objectivos

Este trabalho refere-se apenas à parte sul da Nigéria, onde a precipitação sazonal é mais elevada, e a um período de 1995 a 2015 para o qual estão disponíveis dados de previsões retrospectivas, e limita-se à avaliação da previsão da precipitação.

O principal objetivo da investigação é avaliar o desempenho e a qualidade das previsões de precipitação sub-sazonais a sazonais do ECMWF no sul da Nigéria com um prazo de um mês. Os objectivos podem ser melhor compreendidos tentando encontrar respostas para as seguintes questões

(i)   Em que medida é que a previsão coincide ou se afasta da precipitação observada durante este período?

(ii)   Como é que o desempenho da previsão se altera com um prazo de execução de uma semana para quatro semanas?

(iii)   O desempenho do modelo é melhor em anos de El Niño ou La Niña Enso?

(vi) O modelo de previsão da Agência Meteorológica da Nigéria pode ser recomendado como uma ferramenta complementar para atualizar e melhorar a previsão sazonal da precipitação na Nigéria?

Espera-se que a realização deste estudo permita, em última análise, dar respostas pertinentes a estas questões.

1.4   Plano (ou esboço) da dissertação

O segundo capítulo analisa a literatura sobre a previsão sub-sazonal em diferentes centros de previsão, a competência dessas previsões e as diferentes abordagens ou métodos que têm sido utilizados para avaliar a precipitação, com destaque para a competência de previsão a longo prazo do ECMWF e os métodos de verificação. O terceiro capítulo analisa a metodologia utilizada neste estudo e discute o tipo de dados e fontes de dados utilizados e as medidas adoptadas para chegar aos resultados finais. Discute também o método/abordagem de análise utilizado nesta tese. O quarto capítulo é uma discussão e possível interpretação dos resultados obtidos, enquanto o quinto capítulo contém as conclusões e recomendações deste estudo, bem como possíveis trabalhos futuros.

CAPÍTULO 2: PANORÂMICA DAS PREVISÕES S2S

2.1 Previsões sub-sazonais a sazonais nos centros mundiais

Para as previsões sub-sazonais a sazonais nos centros de previsão globais, são normalmente utilizados modelos acoplados de atmosfera e oceano, que integram e representam adequadamente as interações entre o oceano e a atmosfera e as influências que um tem sobre o outro, dado o período de tempo mais longo em comparação com as previsões a curto prazo (Inness 2010). Estes modelos diferem em termos de capacidade, configuração, resolução, parametrização, tempos de execução, condições de fronteira e iniciais e número de conjuntos (para as previsões de conjunto). A forma como este tipo de previsão é apresentado e as abordagens utilizadas para verificar a previsão são semelhantes na maioria dos centros mundiais. No entanto, o desempenho (competência) varia de um centro para outro devido a diferenças na resolução do modelo e na forma como os modelos são construídos com diferentes esquemas físicos e parametrizações. É importante olhar para centros como a NOAA e o UKMet, que também contribuem para o projeto S2S fornecendo os seus dados, e comparar a base das suas previsões sub-sazonais a sazonais com as do ECMWF. A escolha do modelo do ECMWF para este estudo baseia-se, entre outros factores, no seu bom historial de previsões de médio prazo (Haiden et al. 2015)

2.1.1 Previsões sub-sazonais a sazonais na NOAA - EUA

Na NOAA, nos Estados Unidos da América, as previsões sub-sazonais a sazonais são efectuadas pelo Centro de Previsão Climática (CPC). O modelo Coupled Forecast System Version Two (CFSV2) é utilizado pela NOAA para as previsões S2S (Thiaw et al. 2015). A previsão sub-sazonal é produzida semanalmente com um prazo de execução de até 16 dias (Thiaw et al. 2015) e actualizada semanalmente com uma perspetiva climática de uma semana e duas semanas e uma perspetiva de risco regional. Os produtos incluem uma previsão da precipitação. A previsão da precipitação é geralmente apresentada como uma anomalia ou desvio da média climatológica e como uma probabilidade percentual de anomalias em três categorias (acima do normal, normal ou abaixo do normal). O CFSV2 tem uma resolução espetral de T126, uma resolução horizontal de cerca de 100 km e 64 níveis verticais, com o nível mais elevado a 0,27 hPa. O modelo oceânico do CFS é denominado MOMV4. ⁰⁰A resolução dos dados do CFSV2 é de 0,5 x 0,5 (Saha et al 2012). O modelo tem geralmente uma capacidade que diminui com o aumento do tempo de execução, e a capacidade é mais elevada para a simulação de temperaturas do que para a precipitação (Saha et al. 2012). Estudos efectuados por

Saha et al. (2012) mostram que o coeficiente de correlação de anomalias (ACC) da previsão de precipitação do CFSV2 é de cerca de 15 %. O modelo também apresenta a correlação mais forte (19%) com a precipitação na Índia e a temperatura (48%) do que em qualquer outra parte do mundo. No entanto, a capacidade é melhor nalguns locais. O modelo dinâmico CFSV2 da NOAA ainda precisa de ser melhorado.

2.1.2 Previsões sub-sazonais a sazonais no UK Met. Office

Desde 2013, o UK Met Office utiliza um modelo global acoplado atmosfera-oceano denominado Glosea5 para produzir previsões probabilísticas sub-sazonais a sazonais ao longo do ano (Maclachlan et al, 2015, UKMet 2016). O modelo de gabinete do UKMet está também integrado num modelo de alta resolução e acoplado, tal como o modelo do ECMWF, para produzir previsões S2S. ⁰⁰⁰O Glosea5 consiste num modelo atmosférico, versão N216, com uma resolução horizontal de cerca de 50 km (0,8 Lat x 0,5 Long.) e uma resolução vertical de 85 níveis, com o pico a 85 km, e num modelo oceânico denominado Nucleus for European Modelling of the Ocean (NEMO) (assimilação de dados 3D-var) com uma resolução horizontal de 0,25 e uma resolução vertical de 75 níveis (Maclachlan et al 2015, UKMet). A previsão é gerada a partir da inicialização de 4 membros do conjunto, 2 dos quais funcionam durante 60 dias. O hindcast é produzido para o período 1993-2015. O desempenho do Glosea5 foi avaliado utilizando dados de precipitação GPCP observados para a previsão da precipitação na África Oriental de outubro a dezembro de 2015 (Colman 2016). Os resultados mostram que o desempenho à escala da caixa de grelha foi inferior ao de uma escala maior em toda a região. A capacidade de ROC foi superior a 50% em grandes partes da região e inferior a 50% em algumas zonas do interior. A correlação entre a melhor previsão estimada e a precipitação observada foi de cerca de 0,47, significativa ao nível de 95% (Colman 2016). Estudos realizados por Mclachlan et al. (2015) mostraram uma competência ROC de 0,5-0,6 para a precipitação JJA em África. Apesar de tudo isto, a capacidade de previsão sazonal ou de longo alcance no Reino Unido continua a ser muito fraca em comparação com a previsão de curto alcance em geral. Por conseguinte, os países em desenvolvimento que mais dependem da precipitação sazonal para a produção agrícola devem colaborar com os centros mundiais e utilizar os dados de previsão destes centros fornecidos pelo projeto S2S, bem como fornecer informações que possam ajudar a melhorar a qualidade das previsões dos centros mundiais. Isto justifica este estudo e quaisquer esforços de indivíduos ou organizações para explorar as oportunidades oferecidas pelo atual projeto S2S.

2.1.3 Previsões sub-sazonais a sazonais no ECMWF

Em 2002, Frederic Vitart iniciou a previsão de precipitação a médio prazo (mensal) do ECMWF numa fase experimental, que ficou totalmente operacional em 2004. Em 2008, foi integrado no sistema de previsão de conjunto após a melhoria dos resultados da simulação da temperatura semanal da superfície, da precipitação, do nível médio do mar e do MJO observado sobre os extratrópicos durante o período (Vitart 2005, 2014, Vitart et al., 2016). O modelo é executado duas vezes por semana para produzir uma previsão diária em tempo real para um período de até 32 dias, com uma recuperação de alta resolução de uma hora e um hindcast para mais de doze anos (Molteni et al. 2016, Vitart et al., 2016). De acordo com Vitart et al. (2016), foi concebido para proporcionar um melhor acoplamento da atmosfera (modelo IFS) e do oceano (modelo NEMO) do que os modelos de gabinete NOAA e UKMet. A representação da física e dos processos físicos do modelo foi igualmente melhorada na última versão. A figura 5 apresenta mais pormenores sobre o modelo e as suas alterações ao longo do tempo

Evolution of the ECMWF sub-seasonal ensemble forecasts

	Mar2002	Oct2004	Feb2006	Mar2008	Jan2010	Nov2011	Nov2013	May2016
Frequency	Every 2 weeks	Once a week					Twice a week	
Horizontal resolution	T159 day 0-32			T319 day 0-10 T255 day 10-32		T639 day 0-10 T319 day 10-32		T639 day 0-10 T319 day 10-46
Vertical resolution	40 levels Top at 10 hPa		62 levels Top at 5 hPa				91 levels Top at 1 Pa	
Ocean/ atmosphere coupling	Every hour from day 0		Every 3 hours from day 10				Every 3h from day 0	
Re-forecast period	Past 12 years		Past 18 years			Past 20 years		
Re-forecast size	5 members, once a week							11 members, twice a week
Initial conditions	ERA 40		ERA Interim					

ECMWF EUROPEAN CENTRE FOR MEDIUM-RANGE WEATHER FORECASTS

Figura 5 Desenvolvimento do modelo de previsão sub-sazonal do ECMWF (fonte: Molteni et al 2016)

Os trabalhos de Vitart (2005) e Vitart et al. (2016), que tentaram avaliar a habilidade de previsão subsazonal do ECMWF, mostraram valores semanais mais altos para lead times maiores que 10 dias e melhor habilidade em comparação com a previsão persistente e a climatologia (Vitart 2005, Haiden 2014, Vitart et al., 2016). Noutro artigo, o modelo de previsão subsazonal do ECMWF foi testado utilizando métricas como o **coeficiente de correlação de anomalias (ACC), a raiz do erro quadrático médio (RMSE) e a competência probabilística** (Vitart 2004). Esta abordagem é muito popular e está de acordo com a recomendação da OMM para testar previsões determinísticas (Inness 2010). O resultado de Vitart mostrou que a correlação das anomalias semanais diminui com o aumento do tempo de antecedência, com o valor de correlação mais elevado observado na primeira semana da previsão. A competência foi considerada maior do que a competência da previsão de persistência. Para a previsão da probabilidade do conjunto, as caraterísticas operacionais relativas (valores ROC), que indicam o rácio entre a taxa de acerto e o falso alarme, foram determinadas utilizando uma tabela de contingência. Um valor ROC de 0,5 indica que a previsão não é competente. Os valores mostraram que uma previsão de 12 a 18 dias era melhor do que uma previsão de 5 a 11 dias. O seu trabalho em 2014 também confirma este facto, com a competência mais elevada na semana 1 (0,8) a cair para 0,6 na semana 3. A pontuação de Brier da previsão sub-sazonal do ECMWF foi de 0,04, indicando que o modelo tem um desempenho melhor do que a climatologia (Vitart et al, 2016). O resultado da avaliação da previsão sub-sazonal do ECMWF mostrou um melhor desempenho do que outros centros globais, como indicado pelos estudos de Vitart sobre os extratrópicos e consistente com outros centros (Haiden et al. 2014). Salientou que os resultados podem variar de uma região para outra e, por conseguinte, seria errado concluir que a região africana, com um clima e uma meteorologia diferentes, bem como a geomorfologia, tem o mesmo desempenho que as regiões extratropicais, sem realizar estudos para comparar e tirar conclusões válidas; daí a justificação para este estudo sobre a Nigéria.

Li e Robertson (2015) também realizaram estudos para avaliar a previsão de precipitação de sistemas de previsão de conjuntos globais em escalas de tempo sub-mensais, utilizando dados de hindcast de três centros de previsão globais (ECMWF, NCEP e JMA) para o período de maio a setembro (1992-2008). A correlação de anomalias (CORA) e a pontuação média quadrada de competência (MSSS) foram utilizadas como métricas estatísticas. Os resultados mostram que os três modelos têm uma boa qualidade de previsão na primeira semana em comparação com prazos de 2 a 4 semanas. No entanto, a competência da previsão do ECMWF foi melhor do que a dos outros dois. Os valores de correlação das anomalias foram elevados em prazos de 14 semanas no Pacífico equatorial, enquanto os valores de 0,2 a 0,3 só foram estatisticamente significativos no prazo de 1 semana no Atlântico tropical. As capacidades sobre as zonas terrestres eram geralmente fracas, mesmo com um prazo de uma semana sobre África. O resultado também mostrou uma correlação muito boa entre o ENSO e a previsão sub-mensal, com a capacidade do ACC a ser mais elevada para os anos ENSO do que para os anos neutros. Os desvios nas previsões semanais de precipitação foram particularmente grandes para o modelo NCEP sobre o Atlântico, a África Ocidental e o Sahel.

Os estudos de Hamill (2012), que analisaram as previsões de precipitação probabilísticas calibradas pelo ECMWF e os modelos de previsão TIGGE NCEP, canadiano e UKMO para o período de junho a novembro de 2002 a 2009 sobre os Estados Unidos da América, mostraram que o ECMWF tinha a melhor capacidade e era melhor em níveis de precipitação mais elevados. Este trabalho confirma o padrão líder de previsão do modelo ECMWF selecionado para este estudo.

2.2   Previsões sub-sazonais a sazonais no centro regional (ACMAD)

O ACMAD é o Centro Africano para o Desenvolvimento de Aplicações Meteorológicas, com sede em Niamey, na República do Níger. É um centro climático regional responsável pela coordenação e produção de uma previsão climática regional a partir das previsões sazonais dos centros de previsão globais, que são produzidas todos os anos especificamente para a região da África Ocidental, Chade e Camarões (ACMAD 2015). Isto é normalmente feito como parte do fórum regional de previsão climática para a região chamado PRESAO, onde representantes de todos os serviços nacionais de meteorologia e hidrologia de todos os países da região se reúnem para produzir uma previsão de consenso. O PRESAO utiliza um modelo estatístico de regressão linear múltipla denominado Climate Prediction Tool (CPT), desenvolvido pelo IRI para a previsão sazonal da precipitação, a validação e o downscaling da previsão do GPC para as zonas regionais (Anderson 2010 e ACMAD 2015). A previsão sazonal é produzida para os meses no início das estações MJJ, JJA e JAS com um prazo de um mês, concentrando-se na previsão de precipitação JAS (Anderson 2010). A previsão por consenso é normalmente apresentada em termos de probabilidades expressas em três categorias de precipitação provável (acima do normal, normal e abaixo do normal) (ACMAD 2015). O método de verificação da previsão inclui a utilização de diagramas de fiabilidade e a capacidade ROC. As capacidades de correlação também estão disponíveis no CPT (ACMAD 2015). A ferramenta obteve melhores resultados no Sahel do que nas regiões costeiras e meridionais. Em geral, a limitação de um modelo estatístico é o facto de considerar que a correlação entre o preditor e o preditor é constante ao longo do tempo, o que pode reduzir a capacidade do modelo ao longo do tempo (Inness 2010). A previsão é actualizada mensalmente utilizando o último modelo de previsão, que tem um prazo de um mês para voltar a executar a previsão sazonal e gerar novos resultados. Foi demonstrado que os modelos estatísticos prevêem melhor a precipitação tropical do que os modelos dinâmicos. Embora os métodos utilizados para produzir a previsão e determinar a competência do modelo de previsão S2S do ACMAD sigam um procedimento normalizado, uma vez que foi incorporado na ferramenta de previsão climática pelo IRI, não é capaz de produzir previsões sub-sazonais para prazos inferiores a um mês (até 2 semanas), como os modelos dinâmicos utilizados pela NOAA e pelo ECMWF, o que impossibilita uma previsão semanal ou quinzenal. Este facto torna plausível a tentativa de analisar a previsão S2S do ECMWF para a Nigéria.

2.3 Previsões sub-sazonais a sazonais nos serviços meteorológicos nacionais (NiMet)

À semelhança de outros serviços meteorológicos nacionais, a Agência Meteorológica Nigeriana (NiMet) tem a tarefa de produzir previsões sazonais de precipitação e clima para a Nigéria todos os anos em abril ou maio, antes do início da estação das chuvas, com um prazo de pelo menos um mês (NiMet 2013, 2015). O NiMet utiliza um modelo estatístico de multi-regressão para as suas previsões. O modelo incorpora dados climáticos como a precipitação, a temperatura da superfície e a radiação solar de mais de 35 estações diferentes na Nigéria, cobrindo um período de pelo menos 30 anos até ao ano anterior à previsão (NiMet 2012). As entradas do modelo incluem também a fase ENSO, as propriedades do solo representativas de cada estação, as práticas agrícolas, a informação fenológica e um modelo de cultivo típico do milho e do painço que utiliza o balanço hídrico, a humidade disponível no solo e todas as outras entradas para determinar o início e a cessação da precipitação (NiMet 2012, 2015). Neste ponto, é importante salientar que o início da precipitação aqui referido não é o momento que define o início da precipitação para a nova estação, mas sim o início da estação de crescimento (quando a humidade disponível no solo proveniente da precipitação se acumulou durante um período de tempo a um nível suficiente para a germinação e crescimento das plantas). O modelo fornece previsões do início da precipitação (datas de plantio), o fim da precipitação, a quantidade sazonal e o número total de dias de chuva, bem como a previsão da temperatura máxima e mínima para a nova estação de crescimento e o impacto provável que a previsão pode ter sobre as pessoas e os diferentes sectores da economia (NiMet 2014, 2015). A previsão da precipitação e da temperatura é apresentada tanto em forma determinística como em forma de anomalia ou desvio da climatologia a longo prazo (NiMet 2015). Este método difere ligeiramente do utilizado nos centros operacionais mundiais e nos serviços meteorológicos regionais e nacionais. A previsão é actualizada mensalmente utilizando a última previsão ENSO dos centros de previsão globais e o índice de precipitação normalizado (SPI) da monitorização mensal das inundações e secas (NiMet 2013).A previsão é geralmente avaliada através da determinação do desvio entre a previsão e a observação, tendo em conta as margens de erro para cada previsão. A competência é determinada com base no desvio percentual e é, na maioria dos casos, superior a 80-90 % (NiMet 2014, 2015). A competência muito elevada tem suscitado repetidamente questões e dúvidas entre os climatologistas, investigadores e clientes, sobretudo porque o método não é bem compreendido por outros. A discussão do modelo NiMet neste momento destina-se apenas a fornecer informações gerais sobre a forma como a previsão sazonal é efectuada na Nigéria, a fim de identificar eventuais lacunas que devam ser colmatadas. Espera-se, portanto, que os procedimentos de avaliação padrão usados neste estudo sejam úteis na avaliação da Previsão Sazonal de Precipitação (SRP) do NiMet. A SRP do NiMet não fornece uma previsão de precipitação sub-sazonal para períodos de 1-3 semanas, deixando lacunas que poderiam ser preenchidas com a previsão sub-sazonal do ECMWF para prazos semanais de até 40 dias (Figura 5). Outra lacuna é a falta de um bom modelo para complementar o modelo SRP do NiMet, a fim de aumentar a confiança dos meteorologistas e dos clientes nas previsões e na sua fiabilidade. O modelo NiMet pode ter um bom desempenho em comparação com outros modelos, mas a utilização de mais de um modelo (vários instrumentos ou conjuntos) tem a vantagem não só de mostrar o nível de concordância entre eles, mas também de aumentar a confiança e a probabilidade de a previsão tender para a maior probabilidade de concordância. Isto coloca o cliente numa melhor posição para ponderar uma previsão e tomar boas decisões. A utilização de um modelo complementar como o S2S deve, por conseguinte, ser útil a este respeito e permitir um maior aperfeiçoamento do modelo NiMet.

CAPÍTULO 3: METODOLOGIA

3.1 Tipo e fontes de dados

Foram utilizados dados secundários para este estudo, incluindo dados de precipitação previstos e observados para 21 anos, de 1995 a 2015, na Nigéria. Este período é o período para o qual estavam disponíveis dados de previsão. Os dados de previsão são os dados de previsão de precipitação do conjunto do ECMWF em mm/dia descarregados do sítio Web de dados S2S operado pelo ECMWF e disponíveis até um prazo de 40 dias de 11 membros do conjunto. Para este estudo, foram utilizados os dados de previsão de precipitação da média dos membros do conjunto. [oo] Os dados são fornecidos com uma resolução de grelhas de 1,5 x 1,5 (IRI 2016). Os dados de precipitação observados são a reanálise CHIRPS da precipitação diária com uma resolução de 0,05 x 0,05 grelhas, que é superior à resolução dos dados de previsão. Podem ser descarregados do sítio Web do IRI acima mencionado e são atribuídos a Funk *et al.* 2014.Não foram identificados dados em falta nos conjuntos de dados, uma vez que é provável que quaisquer dados em falta tenham sido adicionados durante a reanálise/homogeneização antes de os dados serem disponibilizados aos utilizadores nos sítios Web. Foram extraídos totais de precipitação semanais e médias climatológicas de observação e previsão de 14 de maio a 24 de setembro (20 semanas) para o período de 21 anos (1995-2015) e utilizados para investigar as alterações intra-sazonais na precipitação. A escolha do período sazonal (maio - setembro) baseia-se na grande quantidade de precipitação que normalmente cai durante este período. Os anos ENSO dentro do período foram selecionados com base no Índice Nino Oceânico (ONI) fornecido pela NOAA em **http://www.cpc.ncep.noaa.gov/products/analysismonitoring/ensostuff/ensoyears.**

3.2 Análise de dados

Em primeiro lugar, foram escritos códigos para ler todos os ficheiros de dados em formato NetCDF e, em seguida, converter a variável tempo, que era dada em dias julianos nos dados do CHIRPS, para datas normais do calendário, a fim de permitir uma fácil extração da precipitação numa base semanal de 14 de maio a 24 de setembro.

Foram então determinados os totais semanais, as médias semanais e as médias climatológicas da precipitação no sul da Nigéria, a partir dos quais foram criados gráficos espaciais e temporais. As séries temporais foram representadas como totais semanais médios para cobrir as 20 semanas da estação, enquanto a média climatológica foi calculada a partir dos totais semanais calculados em média ao longo de 21 anos. O desvio e o RMSE entre a precipitação prevista e a observada foram calculados em conformidade e explicados com mais pormenor no capítulo quatro. As anomalias foram determinadas subtraindo a média climatológica da precipitação média semanal e correlacionando as anomalias para determinar a capacidade de ACC da previsão em diferentes períodos de tempo. Todas as visualizações (temporais e espaciais) e cálculos foram efectuados com Python e, ao contrário do CHIRPS, os dados de previsão do ECMWF continham um ficheiro terra-mar mascarado para medições sobre a terra e o oceano. Este ficheiro mascarado foi utilizado para ocultar os valores de precipitação sobre o oceano e extrair apenas os valores sobre a terra. Para permitir uma comparação justa entre os conjuntos de dados, as caixas de grelha sobre terra são isoladas ao calcular as médias e totais de precipitação. A precipitação observada da semana anterior foi extrapolada para a semana seguinte para produzir a previsão de uma semana para o período de 20 semanas (14 de maio a 24 de setembro). Esta foi depois comparada com a climatologia observada e as previsões com tempos de avanço semanais de uma, duas, três e quatro semanas, designados por avanço 1, 2, 3 e 4.°Os eventos El Nino e La Nina foram identificados calculando a média dos cinco valores consecutivos do Índice Nino Oceânico (ONI) dos meses AMJ, MJJ, JJA, JAS e ASO, e a média foi comparada com o limiar que define um evento ENSO, ou seja, valores maiores ou iguais a +0,5 C definem um El Nino, enquanto valores menores ou iguais a - 0,5 são um La Nina (NOAA 2016). Estes meses foram escolhidos para coincidir com a época do ano (maio-setembro) para a qual é efectuada a previsão.

O diagrama de fluxo da metodologia é apresentado na
Figura 6.

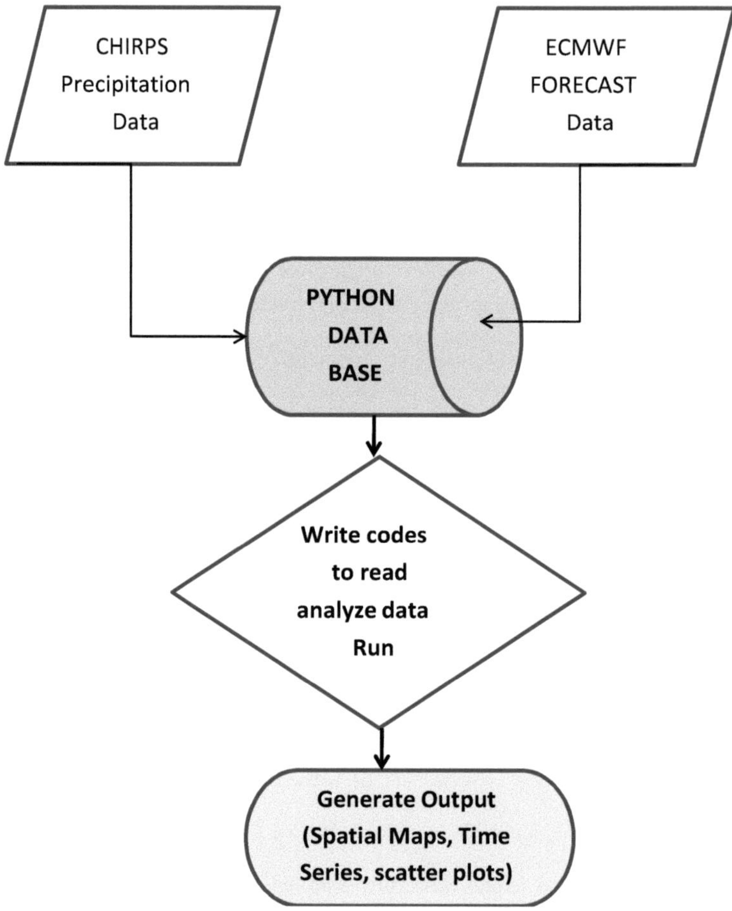

Figura 6 Fluxograma da metodologia

CAPÍTULO 4: ANÁLISE E DISCUSSÃO DOS RESULTADOS

4.1 Análise dos resultados

4.1.1 Avaliação da capacidade de previsão: métricas

É importante explicar alguns dos diferentes valores utilizados para avaliar esta previsão, uma vez que existem diferentes tipos de métricas para verificar a previsão e a escolha de um determinado tipo depende do objetivo da verificação. Algumas das métricas utilizadas pelos cientistas e recomendadas pela OMM para verificar as previsões de precipitação são o Viés, o Erro Médio Quadrático (RMSE) e o Coeficiente de Correlação de Anomalias (ACC). Estas métricas foram selecionadas para este estudo para fornecer um padrão comum para comparar os resultados com os de outros cientistas e meteorologistas em trabalhos relacionados.

BIAS

O desvio refere-se às diferenças entre os valores médios previstos e observados. É uma medida do grau em que o modelo do ECMWF subestima ou sobrestima a precipitação. A informação sobre o viés é útil para corrigir erros nos modelos que possam melhorar o seu desempenho (Inness 2010). Matematicamente, é definido como:

$$\text{Bias} = \frac{\sum_{i=1}^{n}(f - o)}{N}$$

em que f = previsão, O = observação e N = número total de acontecimentos.

Um desvio maior indica grandes diferenças ou discrepâncias entre a previsão e a observação, enquanto valores menores indicam uma aproximação ou semelhança. No entanto, essa aproximação não significa necessariamente que a previsão seja perfeita, uma vez que as observações também podem estar erradas. O desvio pode ser positivo se a previsão for sobrestimada ou negativo se for subestimada.

Erro quadrático médio vermelho (RMSE)

O RMSE pode ser definido como a raiz quadrada da soma dos quadrados de todos os erros (enviesamentos) entre um determinado conjunto de dados (Chai e Draxler, 2014):

$$RMSE = \sqrt{\frac{\sum_{i=1}^{N}(f-o)2}{N}}$$

em que f = previsão, O = observação, N = número total de acontecimentos.

Esta métrica é adequada para avaliar o desempenho de um modelo porque representa melhor os erros normalmente distribuídos, que são comuns nos modelos, do que os erros uniformemente distribuídos (Chai e Draxler, 2014). Dá mais peso aos erros grandes do que aos mais pequenos e tende a favorecer os conjuntos de dados sem erros grandes, mas continua a ser uma das métricas mais antigas e mais utilizadas pelos cientistas para a avaliação de modelos. Grandes valores de RMSE indicam uma grande distribuição de erros, enquanto valores mais pequenos indicam erros mais pequenos. Um RMSE igual a zero significa que a previsão é isenta de erros ou enviesamentos.

Coeficiente de correlação de anomalias (ACC)

O ACC foi utilizado para avaliar a capacidade potencial da previsão. É considerada uma capacidade potencial porque é apenas uma das várias métricas que devem ser consideradas para determinar a capacidade final ou perfeita de uma previsão. Embora não seja exaustiva, fornece informações muito úteis para avaliar o desempenho do modelo e uma indicação da capacidade global provável. A correlação entre a previsão e os dados diários de precipitação observados pelo CHIRPS foi efectuada

$$ACC = \frac{\sum_{m=1}^{m} f'*O'}{\sqrt{(\sum_{m=1}^{m}(f')2 * \sum_{m=1}^{m}(O')2)}}$$

em que f' = fm-Cm, ACC definida por Maue e Langland (2014) f' = fm-Cm, é a média da previsão (fm) - média da previsão climatológica (Cm)

O' = Om-Cm, é o valor médio da climatologia média observada (Om) - observada (Cm).

As médias climatológicas de previsão e de observação para o período de 21 anos foram primeiro calculadas e depois subtraídas da precipitação semanal prevista e observada para obter as anomalias, que foram depois correlacionadas para obter o resultado desejado. Os valores de correlação obtidos a partir da análise de regressão linear destas anomalias também deram resultados semelhantes quando comparados. Isto foi utilizado para verificar possíveis erros de cálculo no código escrito para calcular esta métrica. Uma vantagem desta métrica é o facto de ter em conta os erros calculados em média durante um período de tempo mais longo, por oposição às médias de períodos de tempo curtos, que tendem a apresentar grandes flutuações. Por outro lado, esta vantagem limita a capacidade da métrica para refletir significativamente as alterações dos valores médios em períodos de tempo mais curtos.

Os resultados da correlação para as datas de início semanais durante a época e para os prazos especificados de 1, 2, 3 e 4 semanas são explicados mais pormenorizadamente na secção 4.4. Há 20 datas de início semanais durante a época, começando com a primeira em 14 de maio, depois em 21 de maio, 28 de maio, até à última

data de 24 de setembro. É possível efetuar uma previsão para qualquer uma destas datas com prazos até 40 dias, mas neste estudo apenas são considerados prazos até quatro semanas. A razão para tal é que esse período é relativamente fiável e pode ser utilizado pelos agricultores, especialmente na Nigéria, para planear e decidir sobre práticas agrícolas como a sementeira, a monda, a fertilização, etc. Note-se também que as previsões tendem a perder precisão com prazos mais longos (Inness 2010), pelo que o prazo escolhido de uma semana a um mês é provavelmente mais fiável do que um prazo superior a um mês. No presente estudo, uma previsão com um prazo de uma semana (designado por prazo de execução1) significa que a previsão é efectuada para uma semana específica e é válida durante uma semana (até à semana seguinte). É igualmente possível criar uma previsão com um prazo de execução de 1, 2, 3 ou 4 para uma das 20 datas de início, de 14 de maio a 24 de setembro. A escolha de uma das datas de início depende do período de interesse dentro da estação e do objetivo que o utilizador ou cliente pretende atingir ou cumprir.

4.2 Análise de regressão e diagrama de dispersão

Os resultados da análise de regressão entre as anomalias de precipitação previstas e observadas foram utilizados para criar um gráfico de dispersão (Figura 7), que mostra que os pontos para a Corrida 2 se desviam da linha, indicando uma relação fraca. Apenas o gráfico de dispersão para a data de início na semana 2 foi apresentado, uma vez que mostrou o melhor resultado em comparação com as previsões para o avanço 1, avanço 3 e avanço 4. A reta de regressão é definida pela expressão:

Anomalias previstas = declive * (anomalias observadas) + interceção

A análise resultou num valor de declive de 0,43, num valor de r de 0,45, num valor de r de 0,21 e num valor de p de 0,036, bem como num erro padrão de 0,19. O valor de r, também conhecido como coeficiente de determinação, é uma medida da proximidade ou distância entre os valores observados e previstos da linha de tendência e da capacidade do modelo de regressão para explicar a variabilidade entre a previsão e a observação (PSU 2016). [22]Um valor de r igual a zero significa que o modelo não consegue explicar a variabilidade, enquanto um valor de r igual a 1 significa que o modelo consegue explicar toda a variabilidade. [2]O valor r obtido de 0,2 significa, portanto, que o modelo pode explicar pelo menos 20 % da variabilidade entre os dois conjuntos de dados, confirmando que existe uma relação entre a previsão e a precipitação observada. O valor P, que normalmente se situa entre 0 e 1, indica se uma alteração numa variável tem um efeito na outra. Valores pequenos de P < 0,05 significam que a alteração numa variável causa uma alteração significativa na outra, enquanto valores grandes de P mostram que são independentes e não estão relacionadas. O valor P calculado de 0,04 é inferior ao valor alfa de 0,05 e, por conseguinte, indica que as alterações nos valores previstos estão relacionadas com as alterações na precipitação observada e que a relação é estatisticamente significativa ao nível de 5 %. Embora a relação pareça ser fraca devido à forma como os pontos se desviam da linha de tendência linear no gráfico de dispersão, este facto não é motivo para considerar a previsão fraca, uma vez que pode existir uma relação que pode não ser linear e, até que tal seja estabelecido, não se pode concluir que não existe uma boa relação entre a previsão e a observação.

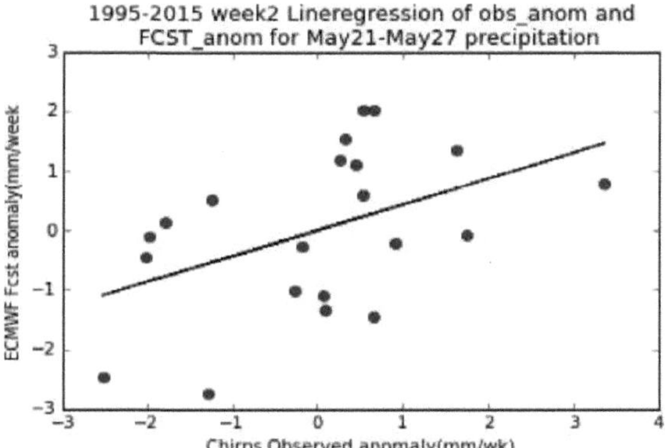

Figura 7 Semana 2 (a partir de 21 de maio) Gráfico de dispersão entre a anomalia de precipitação observada e prevista

4.3 Comparação entre observação e previsão com diferentes prazos de execução

As somas semanais da precipitação prevista e observada para o período de vinte semanas (14 de maio a 24 de setembro) de 1995 a 2015 foram traçadas a fim de comparar a medida em que a observação concorda ou se desvia da previsão em diferentes períodos de tempo. O resultado é apresentado na Figura 8.

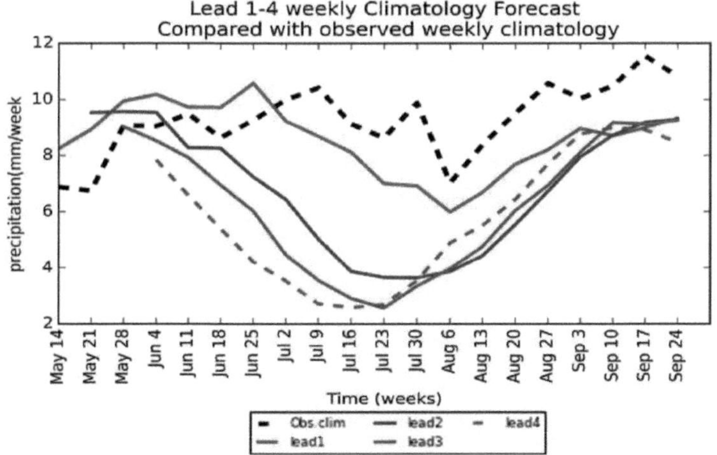

Figura 8: Previsões com diferentes tempos de avanço semanais (wk1-wk4), representados por linhas coloridas, e climatologia semanal observada (linha tracejada preta) em comparação

A figura mostra que tanto a previsão como a observação durante a estação seguem um padrão semelhante e representam os dois picos (bimodais) de precipitação no início de julho e em setembro.

O curto período da curta estação seca, conhecido como "pausa de agosto", também se reflecte no mínimo de precipitação no final de julho/agosto. Nas datas iniciais de início até 11 de junho e no final da estação, em setembro, os valores de precipitação parecem estar todos de acordo, com poucas diferenças, mas após a semana que começa a 11 de junho, as previsões começam a divergir significativamente dos valores observados, com as maiores diferenças a ocorrerem por volta do período da pequena estação seca, após o que os valores começam a convergir no final da estação (Figura 8). Também se pode ver que as diferenças na quantidade de precipitação aumentam com o aumento do tempo de espera, o que é ilustrado pelo facto de a previsão 1 (linha vermelha) estar mais próxima da observação (linha preta tracejada) durante toda a estação. As previsões 2, 3 e 4 apresentam maiores desvios em relação à climatologia observada (Figura 8), sendo o maior desvio registado na previsão 4 (linha a tracejado roxo). Estes grandes desvios devem-se possivelmente à incapacidade do modelo para simular corretamente o fenómeno da estação seca curta e os processos sub-sazonais associados que o causam. A correção destas diferenças deverá melhorar o desempenho do modelo.

O gráfico também mostra que a precipitação prevista é inferior à precipitação observada em todos os diferentes períodos de tempo, o que indica uma subestimação por parte do modelo.

Quadro 1: Previsões do ECMWF para 1995-2015 comparadas com valores de precipitação observados com tempos de espera semanais

Scores of the ECMWF Subseasonal Weekly forecast over Southern Nigeria				
Lead time ⟶ **Scores**	Week 1	Week 2	Week 3	Week 4
BIAS	- 0.6	-2.3	- 2.	-3.1
RMSE	1.64	3.33	3.78	3.98

As distorções resultantes destas diferenças foram calculadas para os quatro diferentes prazos de entrega e, em seguida, calculadas como média para o período de vinte semanas de maio a setembro (Quadro 1). Podem ser reconhecidas distorções negativas para os prazos de entrega de 1, 2, 3 e 4 semanas. A distorção aumenta com o prazo de entrega, da primeira semana (0,69) à quarta semana (-3,10), o que é coerente com as conclusões de Vitart (2004, 2014) e Li e Robinson (2015). Com um tempo de avanço de 2 a 4 semanas, o erro de seca é particularmente forte entre o final de junho e julho. Isto indica dificuldades na previsão durante um período em que a Monção da África

Ocidental (WAM) traz menos e mais dispersa precipitação e quando a Zona de Convergência Intertropical (ITCZ), também conhecida como ITD, está mais a norte da região de estudo. Tais distorções só precisam de ser corrigidas se outras variáveis medidas também indicarem um mau desempenho do modelo. Isto deve-se ao facto de o desvio, por si só, não ser suficiente para avaliar o desempenho de um modelo, uma vez que apenas indica as diferenças e não tem em conta os erros.

como o RMSE. Por conseguinte, não se recomenda a utilização de apenas uma métrica, mas sim uma combinação de duas ou mais.

A correlação entre as anomalias observadas e previstas em diferentes períodos de tempo é mostrada na Figura **9.** As médias sazonais do ACC são geralmente fracas e inferiores a 0,5, mas os valores semanais são melhores nalgumas semanas com diferentes prazos de execução. Por exemplo, as datas de início da semana 8 (2 de julho), da semana 12 (30 de julho), da semana 13 (6 de agosto), da semana 14 (13 de agosto) e da semana 15 (20 de agosto) para a previsão 1 têm os valores mais elevados e melhores de ACC de 0,71, 0,84, 0,75, 0,72 e 0,65, respetivamente, sugerindo uma forte relação positiva entre a previsão e a observação. Estes valores são todos significativos ao nível de 0,01, enquanto o valor ACC de 0,54 na semana 11 (23 de julho) é significativo ao nível de 0,05. Foram também observados valores elevados de ACC para algumas datas de início nos prazos de entrega 2, 3 e 4. Em geral, os valores diminuíram com o aumento do prazo de entrega (Figura 9), e os piores valores foram observados no prazo de entrega 4, com algumas correlações negativas. Um teste estatístico para determinar o nível de significância destes valores foi efectuado utilizando o software Statistical Package for Social Sciences (SPSS).

4.4   Comparação entre previsões com diferentes prazos de execução e previsões de persistência

A persistência, tal como a climatologia média, é também uma linha de base que é utilizada para comparação com as previsões para determinar a sua qualidade. A previsão de persistência para o prazo 1 foi criada retendo a observação da semana atual para a previsão da semana seguinte. O resultado foi depois correlacionado com a previsão para diferentes prazos de entrega. É frequente dizer-se que a previsão de persistência é difícil de bater devido ao grande intervalo de tempo associado à previsão sub-sazonal (Vitart, 2014). De acordo com Jolliffe e Stephenson (2003), esta abordagem só é adequada para previsões a curto prazo, mas os resultados deste trabalho parecem confirmar a opinião destes últimos (Figura 9).

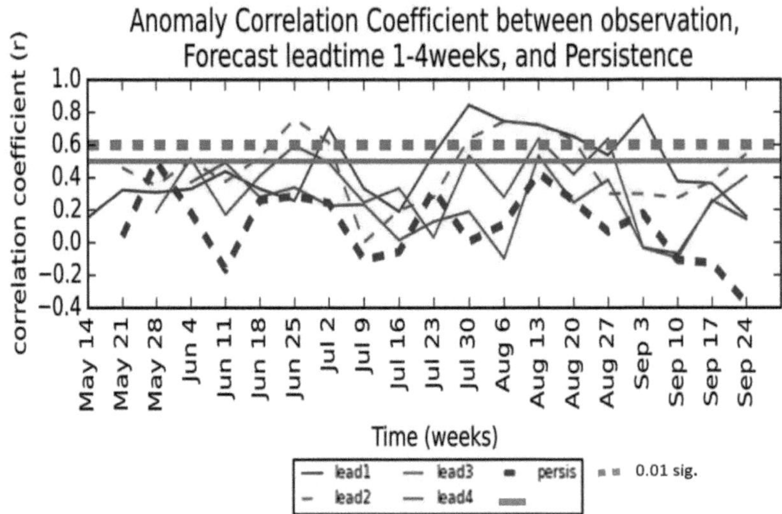

Figura 9 Correlação de anomalias entre previsões com diferentes tempos de execução em comparação com a previsão de persistência. A linha horizontal superior a cinzento a tracejado indica valores de ACC que são estatisticamente significativos a 0,01, enquanto a linha cinzenta sólida representa valores que são significativos a 0,05.

Os valores de ACC entre a observação e a previsão variam durante a estação nos tempos de avanço 1, 2, 3 e 4. Os valores são geralmente baixos, mas nas datas de início nas semanas 12 a 15, os melhores valores de ACC são superiores a 0,6. Nos tempos de avanço 1 e 2, as datas de início na semana 8 (tempo de avanço 1) e na semana 7 (tempo de avanço 2) têm valores de 0,71 e 0,76, respetivamente. Estes valores e a maioria dos valores para os tempos de execução 3 e 4 são superiores aos valores de correlação da previsão do tempo de execução 1. Os valores são estatisticamente significativos a 0,01 e 0,05, indicados pela linha tracejada cinzenta e pela linha sólida horizontal cinzenta, respetivamente. Isto indica que, para os prazos cujos valores de ACC são iguais ou superiores às linhas horizontais, existe uma boa relação entre a observação e a previsão. Por conseguinte, pode dizer-se que as previsões nestas alturas são melhores do que a previsão da persistência, especialmente para o avanço 1 e o avanço 2. De um modo geral, a persistência apresenta os valores mais baixos de ACC em comparação com as previsões nos diferentes tempos de execução, o que indica que as previsões nos quatro tempos de execução têm um melhor desempenho do que a persistência. Os valores mais elevados de ACC são significativos aos níveis de 0,01 e 0,05 para determinadas datas de início, como indicado acima. Este facto pode estar relacionado com as melhorias introduzidas no modelo ao longo dos últimos treze anos.

4.5 Comparação entre observações e previsões em anos de El Niño e La Niña

Tanto o ENSO como o MJO interagem na modulação da precipitação sub-sazonal a sazonal. Parte-se do princípio de que o modelo do ECMWF, que é conhecido pela sua elevada capacidade de simulação de fenómenos MJO, também pode provavelmente simular com exatidão a variabilidade da precipitação sub-sazonal durante as diferentes fases do ENSO. Nesta base, faz sentido investigar em que medida a previsão do modelo para a precipitação em anos de El Niño e La Niña coincide ou se desvia da previsão principal 1 para o período 1995-2015. Apenas a previsão 1 foi selecionada porque apresenta o menor desvio em relação à climatologia observada em comparação com os tempos de avanço de duas, três e quatro semanas. Os anos de El Niño e La Niña (Figura 10) foram identificados utilizando o Índice de Nino Oceânico (ONI), tal como descrito no capítulo três. Foram identificados quatro eventos La Niña (1998, 1999, 2000, 2010) e cinco eventos El Niño (1997, 2002, 2004, 2009, 2015) e a previsão para esses anos foi extraída e apresentada para comparação (Figura 11). A seleção dos eventos El Niño de 1997 e La Nina de 1999 é coerente com os eventos ENSO identificados por Joly e Voldoire (2009) entre 1963 e 1999. A força do ENSO enfraquece geralmente no final do primeiro trimestre do ano e atinge o seu máximo entre dezembro e fevereiro (Joly e Voldoire, 2009). Uma monção africana forte está associada a eventos La Nina, que podem ser observados em abril, maio ou junho (Joly e Voldoire, 2009).

Figura 10: Tendência histórica dos eventos ENSO na região NINO 3.4 de 1982 a 2016

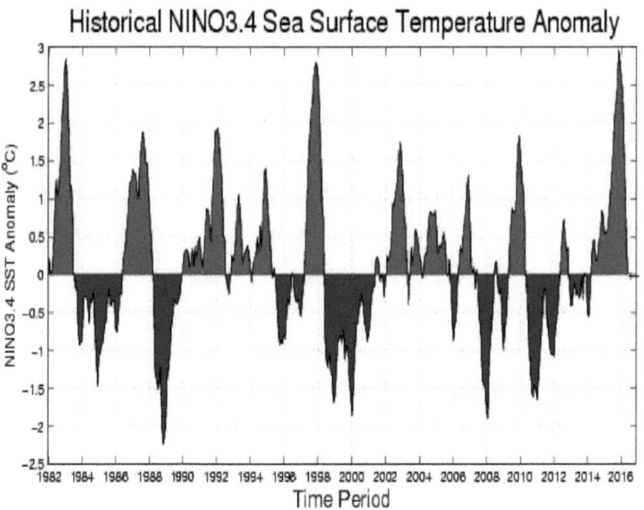

(Fonte: http://iri.columbia.edu/our-expertise/climate/forecasts/enso/current/?enso_tab=enso-quicklook)

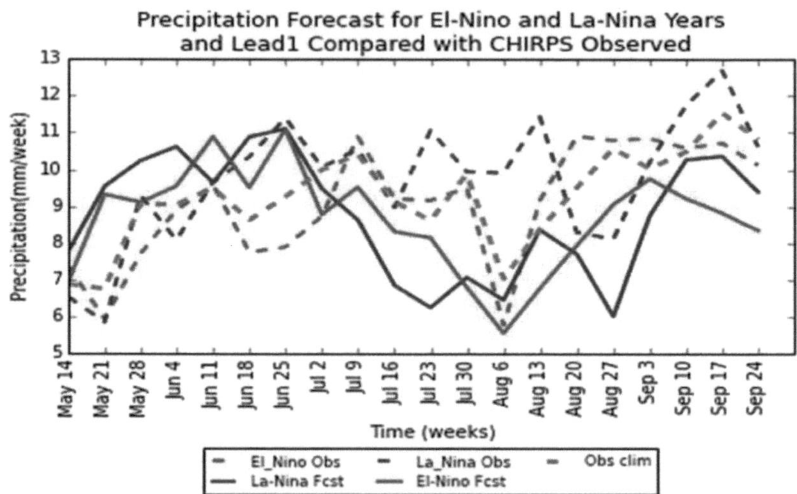

Figura 11: Previsões e observações de precipitação para anos de El Niño e La Niña com uma semana de antecedência, em comparação com a climatologia observada

O resultado mostra que tanto as previsões anuais do La Nina como do El Niño são razoavelmente consistentes com a precipitação observada nas primeiras oito semanas (14 de maio - 2 de julho) e têm um viés mais húmido, mas mostram diferenças significativas após este período, especialmente em meados de julho e agosto (Figura 11), quando a área de estudo normalmente experimenta a estação seca menor. As diferenças entre eles foram calculadas como um viés e comparadas com a climatologia de 1995-2015 apresentada na Tabela 2 e na Figura 12. Os desvios médios sazonais foram todos negativos, indicando uma subestimação da precipitação pelo modelo em comparação com a observação, e foram mais elevados em anos de La Nina (-0,97) do que em anos de El Niño (-0,41). No entanto, todo o período 1995-2015 apresentou um desvio menor em comparação com os anos de La Nina. É provável que o maior desvio se deva mais ao acaso do que à certeza. Os anos de El Niño apresentaram melhores resultados, com o menor desvio e o menor RMSE. O RMSE médio sazonal nos anos de La Nina foi de 2,24 em comparação com os anos de El Niño, com 1,84 (Quadro 2).

Os desvios semanais comparados foram positivos nas primeiras 7-8 semanas, após o que se tornaram negativos (Figura 12). Isto significa que a previsão, tanto para os anos de El Niño como de La Niña, foi demasiado elevada nas primeiras semanas e demasiado baixa nas semanas seguintes. Outra observação é o facto de a previsão parecer seguir o padrão da climatologia e não o da observação, sendo mais baixa do que a previsão para os anos de El Niño e La Niña.

O viés e o RMSE elevados, especialmente em anos de La Nina, mostram que o modelo é pior em anos de La Nina e mais fiável em anos de El Niño, uma vez que a previsão de El Niño tende a concordar mais com as observações e a climatologia do que a previsão em anos de La Nina.

Tudo isto indica que o modelo não é capaz de simular com exatidão a precipitação no sul da Nigéria e mostra que ainda falta uma teleconexão que ainda não foi devidamente resolvida pelo modelo do ECMWF. No entanto, isto não significa que o modelo seja mau, mas sim que é necessário afinar o modelo para corrigir estas diferenças e, assim, melhorar a qualidade da previsão. Essas deficiências podem resultar da má representação da teleconexão ENSO e MJO com a área de estudo, da parametrização incorrecta da convecção e dos processos que modulam o clima na Nigéria, etc., que necessitam de afinação ou ajustamento. O momento dos eventos ENSO e o atraso na resposta de uma determinada região a uma fase ENSO são também um fator importante na simulação da teleconexão entre eles (Joly e Voldoire, 2009). Tudo isto continua a ser um desafio para muitos modeladores numéricos que tentam simular a teleconexão entre o ENSO e a monção da África Ocidental (Joly e Voldoire, 2009). A "quebra de agosto" é bem captada pelas previsões dos modelos, com maior concordância em anos de El Niño do que em anos de La Niña. No entanto, o maior ruído é observado neste período (julho-agosto). Este facto mostra mais uma vez que o modelo ainda precisa de ser melhorado.

Tabela 2: Comparação dos valores de Lead1 para o período climatológico, anos de El Niño e La Niña

Scores of the ECMWF Subseasonal Weekly forecast over Southern Nigeria			
Period	1995-2015	El Nino Years	La Nina Years
BIAS ~	- 0.69	-0.41	- 0.97
RMSE	1.63	1.84	2.24

A tabela mostra a distorção e o RMSE durante os anos de El Niño e La Niña no período de estudo.

A decisão de mostrar apenas os resultados para o valor principal 1 baseia-se no gráfico anterior (Figura 8), que mostra que as previsões para os valores principais 2, 3 e 4 têm desvios maiores e menor competência do que a previsão para o valor principal 1. Por conseguinte, considera-se o valor principal 1, que tem a melhor competência e está mais próximo das observações com o desvio mais baixo. O desvio elevado e o RMSE obtidos para os anos de La Nina indicam que o desempenho do modelo é pior durante os períodos de precipitação elevada devido a eventos de La Nina do que durante os períodos de precipitação baixa associados às condições do El Niño na África Ocidental e na Nigéria (Joly e Voldoire 2009, NIMET 2015). Este efeito é semelhante e está relacionado com a teleconexão entre os fenómenos ENSO e a Índia, a Malásia e a África Oriental, onde a precipitação é menor em anos de El Niño e maior em anos de La Niña (Anyamba et al. 2001, NOAA 2016). Neste ponto, convém notar que o momento também é importante quando se considera a influência de um ENSO na monção da África Ocidental (Joly e Voldoire 2009). Isto porque há sempre um atraso (time lag) entre o momento em que um evento ENSO começa no Pacífico e o momento em que a atmosfera sobre a África Ocidental reage a estas mudanças na temperatura da superfície do mar no Pacífico (região ENSO). A evolução do evento ENSO (início, pico e decaimento) é, por conseguinte, importante, uma vez que o início de uma fase ENSO em evolução ou a fase de decaimento podem afetar de forma diferente a precipitação sobre a monção da África Ocidental (Joly e Voldoire 2009). No entanto, o momento do ENSO não foi considerado neste trabalho, mas poderia ser considerado em trabalhos futuros devido à sua complexa teleconectividade com o WAM (Joly e Voldoire 2009).

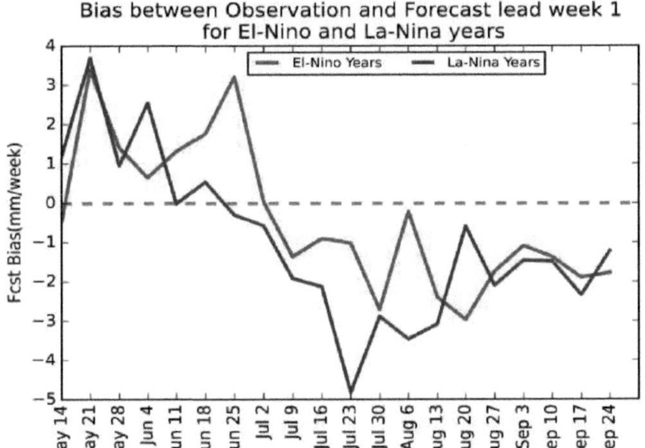

Figura 12: mostra o desvio entre a previsão semanal de precipitação em mm apenas durante os anos de El Nino (linha vermelha) e La Nina (linha azul). Os valores foram determinados subtraindo a observação da previsão para cada evento.

5.1 Conclusão

A Nigéria é um dos muitos países que dependem da precipitação sazonal, especialmente para fins agrícolas e produção de energia hidroelétrica. Por conseguinte, o país tem continuado a investir e a explorar formas de melhorar as suas previsões sazonais de precipitação, que pretende produzir para a população todos os anos. Uma dessas oportunidades é o projeto S2S, que visa ajudar a melhorar a compreensão e a previsão do tempo e do clima em escalas de tempo sub-sazonais, disponibilizando dados de previsão sub-sazonais de vários centros de previsão globais aos interessados em melhorar essas previsões. Esta é a motivação para este estudo: avaliar a capacidade do modelo ECMWF para prever a precipitação sub-sazonal a sazonal no sul da Nigéria. Alguns dos objectivos eram avaliar a capacidade da previsão em diferentes períodos de tempo durante o período de 21 anos e em diferentes anos ENSO, a fim de fazer recomendações à Agência Meteorológica da Nigéria com base nos resultados do trabalho.

Os dados utilizados para o estudo foram os dados de reanálise diários e mensais do CHIRPS com uma resolução de 0,05 x 0,05 graus e os dados de precipitação semanais sub-sazonais do ECMWF. Estes dados têm uma resolução de 1,5 x 1,5 graus para o período de 1995 a 2015. A precipitação prevista e observada foi analisada de maio a setembro. Os anos de El Niño e La Niña foram identificados para comparação com a previsão utilizando o Índice Nino Oceânico, enquanto a competência da previsão foi determinada utilizando o viés, o Erro Quadrático Médio (RMSE) e o Coeficiente de Correlação de Anomalias (ACC) entre a previsão e a observação, bem como analisando todos os diagramas registados. Estas medidas foram escolhidas para fornecer um padrão comum para comparação com outros trabalhos e porque são as medidas mais populares, comummente utilizadas e recomendadas para avaliar o desempenho do modelo.

Os resultados mostraram, em geral, um desvio negativo entre a previsão e a observação em diferentes prazos de entrega, com o valor mais baixo de - 0,69 observado num prazo de entrega de uma semana e o maior desvio de -3,1 num prazo de entrega de quatro semanas (Quadro 2). Os valores semanais mostraram que os desvios eram pequenos em prazos de entrega mais curtos e maiores à medida que o prazo de entrega aumentava. Este facto é coerente com estudos anteriores que utilizaram os dados de previsão subsazonal do ECMWF (Haiden 2014, Vitart, 2004, 2014, Li e Robertson, 2014). O desvio negativo implica uma subestimação da precipitação, e os valores mais elevados mostram que o modelo ainda era imperfeito, especialmente em prazos mais longos. Os erros podem também resultar da qualidade dos dados de observação utilizados, uma vez que tanto a precipitação medida como a precipitação medida por satélite, ou uma combinação de ambas (reanálise), têm os seus próprios erros que podem conduzir a grandes desvios. O RMSE também aumentou com o aumento do tempo de execução e apresentou os valores de erro médio sazonal mais baixos de 1,64 com uma semana de antecedência e 3,98 com quatro semanas de antecedência durante a estação. Estes grandes valores de erro, especialmente em prazos mais longos, mostram a distribuição de grandes erros na taxa de precipitação prevista numa base semanal, uma vez que o RMSE pondera mais os grandes erros.

Uma comparação entre as observações e as previsões durante os cinco anos de El Niño e os quatro anos de La Niña neste período mostrou desvios menores e uma boa concordância entre as previsões e as observações nos anos de El Niño do que nos anos de La Niña. Os desvios também aumentaram com o aumento do tempo de espera e foram mais baixos no início e no fim da estação. Foram maiores entre estes extremos (Figura 13), particularmente nas 7ª, 10ª, 11ª, 13ª e 15ª semanas, e foram positivos (sobrestimação) nas primeiras sete semanas, antes de se tornarem negativos (subestimação) a partir daí. Os desvios foram maiores em comparação com as observações em ambos os anos ENSO. Estes grandes desvios e erros mostram que o modelo do ECMWF ainda não é capaz de simular com exatidão a teleconexão entre os fenómenos ENSO e a zona de estudo e sobre a África Ocidental no seu conjunto (Joly e Voldoire 2009). No entanto, o desvio e o RMSE foram mais baixos em anos de El Niño do que em anos de La Niña.

Os valores do coeficiente de correlação para as anomalias resultantes da correlação entre as observações e as previsões em diferentes prazos (1-4 semanas) apresentaram, em geral, valores baixos durante a estação. Os valores mais elevados foram observados entre as semanas 12 e 15 para os tempos de avanço 1 e 2 e para as datas de início na semana 8 (tempo de avanço 1) e na semana 7 (tempo de avanço 2). Os valores diminuíram com o aumento do tempo de avanço, tendo os valores mais baixos sido registados com um tempo de avanço de quatro semanas (figura 10). Isto indica que a previsão é boa com prazos de uma e duas semanas para certos períodos da estação, enquanto que a previsão tem baixa exatidão com prazos de 3 e 4 semanas no sul da Nigéria. Este resultado também está de acordo com o de Haiden 2014 e Vitart et al. 2016, que mostraram que a previsão sub-sazonal do ECMWF dá uma boa precisão em prazos de duas semanas, mas refutam a sua afirmação de que a precisão continua a ser boa após duas semanas, uma vez que a previsão após duas semanas mostrou uma boa precisão apenas para algumas datas de início no prazo 3 e uma data de início no prazo 4. A boa capacidade de previsão para apenas uma das 20 datas de início na fase 4 pode ser aleatória, pelo que não é considerada significativa. A comparação da previsão em diferentes tempos de execução com a previsão de persistência mostrou que a previsão sub-sazonal nos tempos de execução 1, 2, 3 e 4 semanas tinha um valor ACC mais elevado do que a previsão de persistência num tempo de execução de uma semana, indicando que a previsão era geralmente melhor do que a previsão de persistência no tempo de execução 1, especialmente a previsão nos tempos de execução 1 e 2. Os valores de ACC de 0,6 ou mais foram significativos a 0,01, enquanto os valores entre 0,5 e 0,6 foram significativos a 0,05 (num teste bicaudal).

É útil tirar conclusões deste estudo reexaminando as questões anteriormente levantadas para clarificar os objectivos no primeiro capítulo. Os grandes enviesamentos negativos e o erro quadrático médio, que aumentam com o aumento do tempo de execução e em anos ENSO, indicam que o modelo tem um enviesamento geralmente seco na estimativa da precipitação sobre a área. O recálculo da produção do modelo para reduzir estes desvios conduzirá provavelmente a melhores resultados. Os grandes desvios negativos observados são, portanto, uma resposta à primeira pergunta sobre os objectivos da investigação e indicam que o modelo ainda não foi capaz de simular muito bem a precipitação no sul da Nigéria.

O desvio médio sazonal e o RMSE, que aumentaram geralmente com o aumento do prazo de execução durante a estação, com os melhores resultados com um prazo de uma semana e os piores com um prazo de quatro semanas, mostram que a previsão foi melhor com um prazo de execução mais curto. As médias sazonais do ACC, geralmente inferiores a 0,5, mas com valores semanais superiores a 0,7 em certas datas de início das previsões 1 e 2 e valores inferiores nas previsões 3 e 4, confirmam que a previsão é melhor com prazos de uma e duas semanas durante certos períodos da estação do que com prazos mais longos. Estes resultados dão resposta à segunda questão objetiva colocada anteriormente.

A observação e a previsão em anos de El Niño e La Niña mostraram maiores desvios e RMSE em anos de La Niña do que em anos de El Niño, sugerindo que a previsão do ECMWF tem melhor desempenho durante eventos de El Niño, respondendo assim à terceira questão-alvo levantada por eralier.

5.2   Recomendação

Os valores de viés, RMSE e ACC deste estudo mostram que, embora o modelo ainda tenha uma baixa competência, continua a ser capaz de prever a precipitação no sul da Nigéria, com a melhor competência num prazo de uma semana e alguma boa competência em determinadas datas de início para prazos superiores a uma semana. Este facto sugere que a previsão S2S do ECMWF pode ser útil para esta região, especialmente com um prazo de uma semana. Um prazo tão curto é adequado para o planeamento de práticas agrícolas, como a aplicação de fertilizantes, no sul da Nigéria, alguns meses após o início da precipitação. A previsão do lead1 também pode ser utilizada para complementar e comparar o período anual de precipitação previsto pelo modelo SRP do NiMet para a região. É provável que a previsão seja pior em anos de La Nina, mas mais fiável em anos de El Nina, pelo que os utilizadores devem ser cautelosos na utilização da previsão em anos de La Nina. O ECMWF deve também considerar a possibilidade de efetuar alguns ajustamentos ao modelo, tal como acima referido, para reduzir os grandes desvios observados em anos de La Nina. Isto é importante porque os fenómenos La Nina trazem mais chuva à região do que os fenómenos El Niño. Por conseguinte, a oportunidade de mais chuva e disponibilidade de água em anos de La Nina deve ser maximizada através da utilização de ferramentas de previsão boas e fiáveis que forneçam informações precisas e fiáveis para o planeamento dos agricultores e outros clientes. Com base nos bons resultados deste estudo, a previsão S2S do ECMWF é considerada uma ferramenta útil para atualizar e melhorar a precisão da previsão sazonal da precipitação na Nigéria, especialmente para o planeamento da utilização de fertilizantes nas explorações agrícolas e como complemento de outras ferramentas de previsão da precipitação sub-sazonais a sazonais que possam estar disponíveis na organização ou serviço meteorológico. Por conseguinte, recomendo a sua utilização pelo Serviço Meteorológico da Nigéria e outros serviços meteorológicos nacionais e indivíduos interessados em melhorar a qualidade da previsão de precipitação sub-sazonal a sazonal.

5.3   Trabalho futuro

O trabalho futuro poderia investigar a capacidade de previsão do conjunto S2S a partir de 52 membros do conjunto e mostrar como a capacidade varia com o número de membros do conjunto utilizados na Nigéria. Isto também proporcionaria uma oportunidade para avaliar a capacidade de outros métodos, como a pontuação de Brier, Heidske, índice de sucesso crítico, etc.

O trabalho também poderia utilizar a previsão de conjunto para determinar a previsão da probabilidade de precipitação acima do limiar que pode causar eventos extremos, como inundações na área de estudo e seca na parte norte do país.

Os trabalhos futuros devem testar a sensibilidade da capacidade de previsão a diferentes fontes de dados de observação da precipitação, como o GPCP, o CMAP e os pluviómetros da Nigéria, uma vez que o tempo não permitiu uma investigação desta sensibilidade tal como concebida neste trabalho.

Um estudo futuro procurará também examinar outros dados de previsão subsazonais fornecidos por outros centros de previsão globais e avaliar as diferenças de desempenho na Nigéria, com o objetivo de selecionar o melhor modelo para a Nigéria.

REFERÊNCIAS

Diedhiou, A., S. Janicot, A. Viltard, P. de Felice, H. Laurent, (1999). Regimes de ondas de Páscoa e convecção associada sobre a África Ocidental e o Atlântico tropical: resultados das reanálises do NCEP/NCAR e do ECMWF. *Journ. Clim. Dynamics,* **15**:11, 795-822.

Anderson, D., 2010. "Sub-seasonal to Seasonal Prediction" (Previsão sub-sazonal a sazonal) "Current capabilities in Sub-seasonal to Seasonal Prediction. Resumo de um workshop no Met Office, Exeter, 13 de dezembro de 2010.

Anyamba, A., C. J. Tucker, and J. R. Eastman (2001) NDVI anomaly patterns over Africa during the 1997/98 ENSO warm event, *Intl. Journ. of Rem. Sens.*, **22**,10, 1847-1859, doi:10.1080/01431160010029156.Accessed 4-08-2016 [Disponível em http://dx.doi.org/ 10.1080/01431160010029156].

Ayanlade, A., Adeoye, N.O.. & Babatimehin, O., 2013: Variabilidade climática intra-anual e transmissão da malária na Nigéria. *Bull. of Geogr. socio-economic series*, **21**,21, 7-19.

Chai, T. e R.R. Draxler, 2014: Erro médio quadrático (RMSE) ou erro médio absoluto (MAE)? - Argumentos contra o facto de se evitar o RMSE na literatura. Geosci. model Dev., **7**, 1247-1250. doi:10.5194/gmd-7-1247-2014

Changhyun Yoo, Sungsu Park, Daehyun Kim, Jin-Ho Yoon, H.-M.K., 2015: Teleconexão MJO do inverno boreal no modelo atmosférico comunitário versão 5 com a parametrização de convecção unificada. *Journ. of Clim.*, **28**, 8135-8150.

Chidiezie, T. & Shrikant, C., 2010: Monção da África Ocidental: A interrupção de agosto na zona húmida oriental do sul da Nigéria está a abortar? *Climate Change*, **103**, 555-570.

Colman, A., 2016: Previsão da precipitação na África Oriental para outubro-dezembro de 2015 utilizando métodos estatísticos e dinâmicos. Met Office Hardley Centre, Exeter, UK.Acedido em 2016 [Disponível em http:// http://www.metoffice.gov.uk/media/pdf/i/7/EAfrica2015.pdf]

Cornforth, R., 2012: Overview of the 2011 West African monsoon, *Weather, Roy.met.soc.* **67**,3, 59-65

Eludoyin, O.M. &I.O.Adelekan, 2013: O clima fisiológico da Nigéria. *Int. journ. Biometeorol,***57**, 241-264.

Fink, H.A., e co-autores, 2011: Meteorologia operacional na África Ocidental: redes de observação, análise e previsão do tempo. *Atm. Sci. Lett,* **12**, 135-141. http://doi.org/doi: 10.1002/asl.324

Funk, C. C, Peterson, P. J., Landsfeld, M. F., Pedreros, D. H., Verdin, J. P., Rowland, J. D., Romero, B. E., Husak, G. J. Michaelsen, J. C., e Verdin, A. P., (2014). Uma série temporal de precipitação quase global para monitoramento de secas: *U. S. Geological Survey Data Series* 832, 4 p., http://dx.doi.org/110.3133/ds832.

Haiden, T., M. Janousek, P. Bauer, J. Bidlot, L. Ferranti, T. Hewson, F. Prates, D.S. Richardson e F. Vitart, 2015: Avaliação das previsões do ECMWF, incluindo actualizações para 2014-2015 ECMWF Technical Memoranda, No.765. Acedido em 2016[Disponível em http://www. ecmwf.int/sites/default/files/elibrary/2015/15275-evaluation-ecmwf-forecasts-including- 2014-2015-upgrades.pdf]

Hamill, T.M., 2012: Verificação do multimodelo TIGGE e da precipitação probabilística calibrada pelo ECMWF Reforecast sobre o *mês de* Contiguos Estados Unidos. *Weath. Rev.* **140**, 2232 - 2252

Hansen, J.W., 2002: Realising the potential benefits of climate predictions for agriculture: issues, approaches, *Agricultural Systems*, **74**, 309-330.

Hendon, H.H. e M.L. Salby, 1994: O ciclo de vida da Oscilação de Madden-Julian. *Journ.of Atm.Sci.* **55**, 15, 2225 - 2237

Inness, P. e S. Dorling, 2010: *Operational Weather Forecasting*, Wiley-Blackwell, 231pp

Painel Intergovernamental sobre as Alterações Climáticas (IPCC) 2013: Resumo para os decisores políticos , in: Climate Change 2013: The physical science basis. Contribuição do grupo de trabalho I para o quinto relatório de avaliação do painel intergovernamental sobre as alterações climáticas [Stocker, T.F., D.Qin, G.K.Plattner, M.Tignor, S.K.Allen, J.Boschung, A.Nauels, Y.Xia, V.Bex, and P.M. Midgley (eds)].Cambridge University Press, Cambridge, Reino Unido e Nova Iorque, NY, EUA. Acedido em 2016 [Disponível em http://www.climatechange2013.org/images/report/ WG1AR5_SPM_FINAL.pdf]

Instituto Internacional de Investigação (IRI) 2016: Dados de precipitação diária do CHIRPS. Recuperado em 2016 [Disponível em http://iridl.ldeo.columbia.edu/SOURCES/.UCSB/.CHIRPS/.v2p0/.daily/ .global/.0p05/index.html?Set-Language=en

Jolliffe, I.T., e D.B. Stephenson, 2003: Verification of forecasts - A guide for practitioners, Atmospheric Science, Wiley and sons, 247pp.

Joly, M., e A. Voildoire, 2009: A influência do ENSO na monção da África Ocidental: Aspectos temporais e processos atmosféricos. Revista do Clima, **22**, 3193 - 3210

Lafore, J., e co-autores, 2011: Progress in understanding of weather systems in West Africa, *Atm. Sci. Lett.* **12,** 7-12 http://doi.org/10.1002/asl.335

Li, S. e A.W. Robertson, 2015: Evolução da capacidade de previsão de precipitação submensal do sistema global de previsão de conjuntos. *Month. Weath. Rev.,* **143**, 2871 - 2889

Maclachlan, C., A., e co-autores, 2015: Global seasonal forecasting system version 5 (Glosea5) - a high-resolution seasonal forecasting system. Quart.Journ. Roy.Meteor. Soc. **141**, 1072-1084. doi:10.1002/qj.2396

Madden, R. e Julian, P., 1972: Descrição de células de circulação à escala global nos trópicos com períodos de 40-50 dias. *Journ. of Atm. Sci,* **29**, 1109 - 1123.

Madden, R. e Julian, P., 1971: Evidence for a 40-50 day zonal wind oscillation in the tropical Pacific. *Journ. of the Atm. Sci.,***28**, 702 - 708.

[th]Maue, R.N. and R.H. Langland, 2014: Northern hemisphere forecast skill during extreme winter weather regimes - A presentation made at the 94 American Meteorological Society annual meeting, Atlanta,GA. Recuperado em 2016,[disponível em models.weatherbell.com/news/maue_ AMS_2014.ppt

Mcphaden, M.J., 1999: Equatorial waves and the 1997-98 El Nino. Geophy. Res. lett. **26**,19, 2961-2964

Molteni, F., F. Vitart, S. Lang, A. Weisheimer e S. Keeley, 2016: *Sub-seasonal prediction at ECMWF:*Present, Past (recent and less recent). Acedido em junho de 2016 [Disponível em http://www.ecmwf.int/sites/default/files/elibrary/2015/14495-sub-seasonal-prediction- ecmwf-present-past-recent-and-less-recent-and-future.pdf]

Nicholson, S.E., 2008: Intensidade, localização e estrutura da cintura de chuvas tropicais sobre a África Ocidental como factores de variabilidade interanual. *Int. journ. of clim.,* **1785** (março), 1775-1785.

NiMet 2012: Agência Meteorológica da Nigéria: Previsão sazonal da precipitação e implicações socioeconómicas para a Nigéria. Recuperado em junho de 2016 [Disponível em

http://nimet.gov.ng/sites/default/files/publications/2012-seasonal-rainfall-prediction.pdf],

NiMet 2013: Agência Meteorológica da Nigéria: Brochura de previsão de precipitação sazonal

Acedido em junho de 2016 Disponível em [http://nimet.gov.ng/sites/default/files/publications/2013-

Previsão de precipitação sazonal.pdf]

NiMet 2014: Agência Meteorológica da Nigéria: Brochura de Previsão de Precipitação Sazonal. Acedido em

junho de 2016 [Disponível em http://www.nimet.gov.ng/sites/default/files/publications/SRP%20

BROCHURE%20FINAL.pdf]

NiMet 2016: Agência Meteorológica Nigeriana: Boletim de Monitorização da Seca e das Cheias

[http://www.nimet.gov.ng/drought-and-flood-monitor-bulletin], acedido em junho de 2016

Omotosho, J.B. & Abiodun, B.J., 2007: A numerical study of moisture formation and precipitation over West Africa. , **225** (julho), 209-225.

Parker, D.J., e co-autores, 2008: O programa de radiosondas AMMA e as suas implicações para o futuro da monitorização atmosférica em África. Amer. Meteorol. Soc.**89**, 1015-1027

PeyrШё,P. J-P, Lafore, A.J.-L.R., 2007. um quadro bidimensional idealizado para estudar a monção da África Ocidental. Parte I: Validação e principais factores de controlo. *Journ. of the Atm. Sci*, **64**, pp.2765-2782.

PSU (2016). Universidade Estadual da Pensilvânia. STAT 501: Métodos de Regressão [https://onlinecourses.science.psu.edu/stat501/node/255], acedido em 8 de agosto de 2016

Rowell, D.P., (2013). Simulação das teleconexões SST para África: Qual é o estado da arte?
Journal of Climate Research, **26**, pp. 5397 - 5418

Shimizu, M.H., e T. Abrizzi (2016): Influência da MJO nos efeitos do ENSO na Precipitação e Temperatura. *Theor. Appl. Climatol.*, **124**, 291-301

Saha S., H.V. Dool, Q.Zhang, M.P. Mendez, e E. Becker, 2012: Sistema de previsão climática do NCEP versão 2 (CFSV2) no contexto do US National Multi Model Ensemble (NMME) para previsões sazonais. Artigo a ser submetido ao *Journal of Climate*. Acedido em 2016 [Disponível em http://cfs.ncep.noaa.gov]

Siegmund, J. et al, 2015. towards a seasonal precipitation forecasting system for West Africa: Performance of CFSv2 and high-resolution dynamical downscaling, *Journ. of Geoph.Researc:Atm.*,**120** ,15, 7316 - 7339

Sylla, M.B., F.Giorgi, P.M. Ruti, S.Calmanti, A. Dell'Aquila, 2011: O impacto da convecção profunda no clima da monção de verão da África Ocidental: um estudo de sensibilidade do modelo climático regional. Quart. Journ. Roy. Meteorol. Soc.**137**:1417-1430. doi:10.1002/qj.853

Takaya, Y., 2015 O Projeto de Previsão Sub-sazonal a Sazonal (S2S). Apresentação no Workshop da Organização Meteorológica Mundial em Pune, Índia, 9-11 de novembro de 2015 [http://www.wmo.int/pages/prog/wcp/wcasp/documents/workshop/pune2015PPT/day1/Sess ion2-Takaya_WMO_workshop_S2S_201511.pdf

Thiaw, W.M. et al, 2015. Alcance internacional do Centro de Previsão do Clima (CPC) da NOAA: do gabinete africano aos gabinetes internacionais, vinte anos de desenvolvimento da capacidade dos serviços meteorológicos nacionais. *Boletim Climático de Infusão de Ciência e Tecnologia*, (outubro), pp.104-107.

Tracton, M.S., K. Mo, W. Chen, E. Kalnay,R. Kistler,G. White, 1989. Previsão dinâmica de longo alcance (DERF) no Centro Meteorológico Nacional. *Mon.*

Weath. Rev. **117**: 1604-1635.

UKMET 2016:http://www.metoffice.gov.uk/research/modelling-systems/unified-model/climate- models/hadcm3

Vitart, F., C. Ardilouze, A. Bonet, A. Brookshaw, M. Chen, C. Codorean, M. Deque, L. Ferranti, E. Fucile, M. Fuentes, H. Hendon, J. Hodgson, H. Kang, A. Kumar, H. Lin, G. Liu, X. Liu, P. Malguzzi, I. Mallas, M. Manoussakis, D. Mastrangelo, C. MacLachlan, P. McLean, A. Minami, R. Mladek, T. Nakazawa, S. Najm, Y. Nie, M. Rixen, A. Robertson, P. Ruti, C. Sun, Y. Takaya, M. Tolstykh, F. Venuti, D. Waliser, S. Woolnough, T. Wu, D. Won, H. Xiao, R. Zaripov e L. Zhang, **2016**: A base de dados do projeto Sub-seasonal to Seasonal Prediction (S2S).*Bull. Amer. Meteor. Soc.* doi:10.1175/BAMS-D-16-0017.1, no prelo

V   itart, F. 2014, Evolution of ECMWF sub-seasonal forecast skill scores. , Quart. Journ. of Roy. Met. Soc., **140**, pp.1889-1899.

V   itart, F., 2005. previsão mensal e a onda de calor do verão de 2003 na europa: um estudo de caso. , *Atm.Sci. lett.* **6,** pp.112-117.
Vitart F. 2004. previsões mensais no ECMWF. *Mês. Weath.Rev.* **132**, 12, 2761-2779.

V   ondou, D.A., A. Nzeukou, A. Lenouo e F. M. Kamga (2 010). Variações sazonais nos padrões diurnos de convecção nos Camarões-Nigéria e suas
zonas vizinhas. Roy. Meteorol. Soc. *Atm. Sci. Lett.* **11**: 290-300 (2010) DOI: 10.1002/asl.297
Welsh, D., K. Sperber, H. Hendon, D. Kim, E. Maloney, M. Wheeler, K. Weickmann, C. Zhang, L. Donner, J. Gottschalck, W. Higgins, L. Kang, D. Legler, M. Moncrieff, S.
Schubert, W. Stern, F. Vitart, B. Wang, S.W., (2009) MJO Simulation Diagnostics. *Journ. of Atm. Sci.* pp.3006-3030.
Wheeler, M. C., e H. H. Hendon, 2004: Um índice MJO multivariado em tempo real e durante todo o ano:
Desenvolvimento de um índice para monitorização e previsão. *Mo. Weath. Rev.*, **132**, 1917-1932

Yoo, C., S. Park, D. Kim, J. Yoon, H. Kim (2015) Teleconexão da MJO do inverno Boreal no Modelo da Atmosfera Comunitária Versão 5 com a Parametrização de Convecção Unificada. *Journ. of Clim.,* **28**, 8135-8150. doi: 10.1175/JCLI-D-15-0022.1

Índice

More Books!

yes

I want morebooks!

Buy your books fast and straightforward online - at one of world's fastest growing online book stores! Environmentally sound due to Print-on-Demand technologies.

Buy your books online at
www.morebooks.shop

Compre os seus livros mais rápido e diretamente na internet, em uma das livrarias on-line com o maior crescimento no mundo! Produção que protege o meio ambiente através das tecnologias de impressão sob demanda.

Compre os seus livros on-line em
www.morebooks.shop

info@omniscriptum.com
www.omniscriptum.com

OMNIScriptum

Printed by Books on Demand GmbH, Norderstedt / Germany